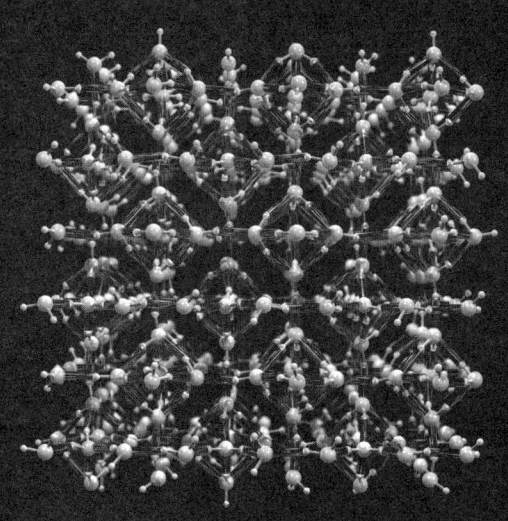

分子熱統計力学

化学平衡から反応速度まで

TAKATSUKA Kazuo, TANAKA Hideki
高塚和夫・田中秀樹
［著］

東京大学出版会

Thermodynamics and Molecular Statistical Mechanics
Kazuo TAKATSUKA and Hideki TANAKA
University of Tokyo Press, 2014
ISBN978-4-13-062509-8

はじめに

　熱力学は，18世紀の産業革命のさなかに，熱機関の効率性を求めて発達したといわれ，その出自自体が，現実世界での必要性や有用性を表している．それは，「連続体としての物質と熱が，想定しているシステムに出入りする際に起きる変化と，外部に行う仕事」を考究した学問である．熱力学で発見された原理や概念また研究方法は普遍的であり，熱機関やエンジンだけではなく，化学変化をするシステムについても，適切な拡張を行いながら，適用することができる．これが化学熱力学である．まだ生まれてもいない量子力学が使われていないのは当然のこととしても，当時の微視的な力学の基本法則であったニュートン力学ですら，ほとんど使われていない．それでいて，これだけ壮大かつ精緻な理論体系ができあがったことに，人間の知的営為の凄さと迫力にはただただ圧倒されるばかりである．

　熱力学は高度に実用性を持っていて，大学の高学年になったり社会の現場に出たときに，それを使いこなす力が求められる場面が多くなってくる．それゆえ，化学熱力学は大学教育の初年次からほぼ必修科目として導入されている．しかし，一方，熱力学の美しさや，それを通じて感じる人知の凄さが理解できるようになるのは，通常，相当年数が経って後のことである．熱力学の中心的な量である「温度」にしても，体感的には理解しているつもりだが，よく考えてみると何の事だか判然としない，という経験を持っている方が多いのではないかと思う．加えて，エントロピー，自由エネルギー，化学ポテンシャル，等々，熱力学には次々と見知らぬ量が出てくるので，そのたびごとに戸惑いと困難を覚えるのが普通である．

　一方で，量子論が完成してからすでに80年以上が経ち，大学の化学教育も分子論的描像から始める，ということが普通になってきている．これは，それほど古いことではないし，熱力学のようにマクロ（巨視的）な理論と分子論のようなミクロ（微視的）な理論を教育上どのように折り合わせるかは，今でも非常に難しい問題である．

　本書は，分子に興味を持つ人々への，化学平衡論と反応速度の入門書を兼ねたコンパクトな解説書である．1年間のコースの教科書として利用していた

だけることを想定している．そのため，本書は，具体例をたくさん盛り込んだ「今役に立つ」という，大部な実習書ではなく，コンパクトな体裁をしている．

本書の第I部で，比較的本格的な化学熱力学を解説する．第II部では，分子論的描像に基づいて化学統計力学の立場から，化学熱力学の主要な量や概念を見つめなおして理解を深める，ということを目的とする．マクロとミクロの視点を併記しつつ，「自然を理解する」という科学的な営み自体に対する方法論やアプローチの仕方を学んでほしいと思う．特に，現在では電子計算機の発達もあり，ミクロスコピックな分子論的レベルから，マクロな熱力学量の計算を行ったり，超多体系の動力学的シミュレーション（分子動力学と総称される）を実行することが頻繁に行われるようになっている．こうしてミクロとマクロをつなぐ研究領域が大発展しており，多くの研究者の関心をひきつけている．この傾向はますます加速されるに違いなく，その意味でも，自由エネルギー，エントロピー，温度といった熱力学量をミクロな言葉で理解・翻訳できることが重要になっている．本書でも，その一部を紹介する意味で，補遺として，「計算機シミュレーションと熱統計力学」を加えた．

本書では，平衡化学熱統計力学と同時に，反応速度論の入門的記述も同時に行った．平衡熱力学は時間変数を含まない科学的体系であるが，平衡点に近づくプロセスや，平衡の背後にある速度過程を理解するということは，化学を学修する上で本質的に重要である．特に，第II部の最後の章で詳述するように，時間変数を含まない理論体系から，時間上の力学（速度過程理論）が生み出されてくるコペルニクス的転換は科学史的にも圧巻であり，そのあたりをぜひ味わっていただきたい．

第I部は田中が中心になり，第II部は高塚が中心になって執筆した．第I部と第II部で，同じ項目（たとえば自由エネルギー）が，非常に異なった観点から議論され，それぞれまったく異なった理論体系でありながら，それぞれに論理的整合性が保たれていることに，驚かれるかもしれない．そして，それを何よりも楽しんでいただきたいというのが，著者らの願いである．

目次

はじめに

第 I 部　化学熱力学　マクロの立場から　　1

第 1 章　熱力学量とその変化　　5
- 1.1　系と外界 …………………………………………… 5
- 1.2　熱力学量と状態方程式 …………………………… 6
- 1.3　圧力と仕事 ………………………………………… 7
- 1.4　熱と温度 …………………………………………… 9
- 1.5　可逆過程と不可逆過程 …………………………… 10
- 1.6　示強変数と示量変数 ……………………………… 11

第 2 章　理想気体と実在気体　　13
- 2.1　理想気体 …………………………………………… 13
- 2.2　ファンデアワールス状態方程式 ………………… 14
- 2.3　実在気体 …………………………………………… 17

第 3 章　熱力学の法則　　19
- 3.1　熱力学第一法則 …………………………………… 19
- 3.2　理想気体の等温過程と断熱過程 ………………… 21
- 3.3　内部エネルギー，熱，仕事の過程依存性 ……… 24
- 3.4　熱力学第二法則 …………………………………… 26
- 3.5　カルノーサイクル ………………………………… 31

第 4 章　自由エネルギー（熱力学ポテンシャル）　　35
- 4.1　熱力学ポテンシャルと変化の方向 ……………… 35
- 4.2　体積変化以外の機械的仕事 ……………………… 38
- 4.3　定積熱容量と定圧熱容量の関係 ………………… 39

4.4	理想気体の内部エネルギーとエントロピー	40
4.5	再び示強変数と示量変数について	41
4.6	平衡と熱力学的安定性の条件	44

第5章　相平衡　47

5.1	相と相転移	47
5.2	相平衡と化学ポテンシャル	48
5.3	物質のエンタルピーとエントロピー変化（相転移を経る場合を含む）	52
5.4	相境界（共存線）	53
5.5	相律	54
5.6	界面の熱力学	56

第6章　理相溶液とその性質　59

6.1	濃度の表現	59
6.2	部分モル量	60
6.3	理想溶液	62
6.4	束一的性質	65

第7章　非理想溶液と相分離　69

7.1	希薄溶液でのヘンリー則	69
7.2	一般の非理想溶液の取り扱い	70
7.3	電解質溶液	71
7.4	溶液の安定性と相分離	74

第8章　化学反応の平衡と速度　77

8.1	化学反応におけるエネルギー（熱）収支	77
8.2	平衡定数とギブス自由エネルギー	78
8.3	化学平衡の圧力依存性と温度依存性	80
8.4	分圧以外による平衡定数の表現	81
8.5	電極反応	81
8.6	化学反応の速度と機構	83
8.7	1次反応と2次反応	83

| 8.8 | 平衡近傍の緩和速度 | 86 |

第 II 部　化学統計力学　ミクロの立場から　　87

第 9 章　分子の運動と内部自由度　　91
- 9.1　簡単な分子描像　……　91
- 9.2　簡単な分子描像とエネルギー　……　92
- 9.3　分子の運動　……　93
  - 9.3.1　重心運動の分離　……　93
  - 9.3.2　電子と原子核の運動の分離　……　93
  - 9.3.3　ポテンシャルエネルギー曲面上の運動：分子振動と化学反応　……　96
  - 9.3.4　回転運動の分離　……　97
- 9.4　2 原子分子のエネルギー準位　……　98
  - 9.4.1　並進運動（井戸型ポテンシャル）のエネルギー準位　……　98
  - 9.4.2　回転運動（剛体として）のエネルギー準位　……　99
  - 9.4.3　振動運動のエネルギー準位　……　100
  - 9.4.4　モード間でのエネルギーの交換　……　101
- 9.5　エネルギーと温度　……　101

第 10 章　ボルツマン分布　　105
- 10.1　エネルギー原理　……　105
  - 10.1.1　指数関数分布　……　105
  - 10.1.2　分布が「エネルギーだけで決まっている」ということの意味　……　107
  - 10.1.3　β の決定　……　107
- 10.2　縮重と縮重度　……　109
- 10.3　規格化と規格化定数　……　110
- 10.4　例題　……　111
  - 10.4.1　速度の平均と分散（1 次元の例題）　……　112
  - 10.4.2　3 次元の系の平均速度　……　113
  - 10.4.3　一定のエネルギーを持つ E^* よりも高い運動エネルギーを持

		つ確率	114
10.5		分配関数	115
	10.5.1	箱の中の自由粒子のボルツマン分布と分配関数	116
	10.5.2	等核2原子分子の回転運動のボルツマン分布と分配関数	117
	10.5.3	調和振動子のボルツマン分布と分配関数	118

第11章　状態の数とエントロピー　　121

11.1		縮重度の一般化	121
11.2		状態数と状態密度	122
11.3		エントロピーと温度	123
	11.3.1	温度の背景にある幾何学	126
	11.3.2	局所的な温度密度と運動エネルギー	127
11.4		接触系の状態密度と温度	129
	11.4.1	最大実現確率の状態を特徴づけるパラメータとしての温度	130
	11.4.2	エネルギーの流れと温度	132
11.5		マクスウェル-ボルツマン分布再訪	132
11.6		部分系が経験するゆらぎ	134
11.7		自由エネルギーについての「エネルギー原理」	135

第12章　確率と情報とエントロピー　　137

12.1		エントロピーの不定性と熱力学第三法則	137
12.2		エントロピーありき？	138
12.3		エントロピーの確率表現	139
	12.3.1	部分系が持つエントロピー	139
	12.3.2	平均エントロピー	140
12.4		シャノンのエントロピーと情報量	141
	12.4.1	情報量と記憶装置の数	141
	12.4.2	平均エントロピーとシャノンのエントロピー	143
12.5		最大エントロピー原理：モードの温度	143
12.6		情報欠損と重みつきボルツマン分布	144

第13章　分配関数　　149

- 13.1　エネルギーから温度へ　……………………………………　149
- 13.2　分配関数：離散系　……………………………………………　149
- 13.3　分配関数から平均エネルギーと（平均）エントロピーを求める　……………………………………………………………　151
- 13.4　等核2原子分子から成る気体の分配関数　……………………　152
- 13.5　分配関数：古典力学の一般形　………………………………　152
- 13.6　分配関数とヘルムホルツの自由エネルギー　………………　153

第14章　化学ポテンシャル　　155

- 14.1　粒子とエネルギーの出入りを許す集合の分布　……………　155
- 14.2　化学ポテンシャルがある場合の分布関数と分配関数　……　158
  - 14.2.1　大正準集合の分配関数　………………………………　160
  - 14.2.2　粒子数分布関数と平均値　……………………………　161
  - 14.2.3　与えられた温度での最も確からしい粒子数分布　…　162
- 14.3　気体の化学ポテンシャルとギブスの自由エネルギー　……　164
- 14.4　物質の混合と化学ポテンシャル　……………………………　167
- 14.5　ギブス-デュエムの関係式　……………………………………　168

第15章　化学平衡の分子論　　171

- 15.1　平衡分布と平衡定数　…………………………………………　171
- 15.2　ル・シャトリエの原理　………………………………………　172
- 15.3　分子論描像の束一的性質　……………………………………　174
  - 15.3.1　気体，液体，固体の μ の温度依存性　………………　175
  - 15.3.2　3相における化学ポテンシャルの温度依存性のグラフ　……………………………………………………………　178
  - 15.3.3　沸点上昇度の評価　……………………………………　179

第16章　素反応の統計速度論　　181

- 16.1　反応速度式と素反応　…………………………………………　181
- 16.2　超単純衝突論　…………………………………………………　182
- 16.3　遷移状態理論（統計化学反応速度理論）　……………………　183
  - 16.3.1　中間体と多段階平衡　…………………………………　184

16.3.2	遷移状態理論による速度式	186
16.3.3	遷移状態理論の物理的意味：反応速度を支配する因子	189
16.3.4	遷移状態のエントロピー	190

第 A 章　計算機シミュレーションと熱統計力学　195

- A.1　計算機シミュレーションとは　195
- A.2　分子動力学計算機シミュレーションの方法　196
- A.3　内部エネルギーおよび圧力の計算方法　197
- A.4　自由エネルギーの計算　198

第 B 章　よく使われる単位とその変換　203

第 C 章　よく出てくる数式と公式　205

- C.1　偏微分と全微分　205
- C.2　ルジャンドル変換　208
- C.3　ガウス積分　208
- C.4　スターリングの公式　210
- C.5　ステップ関数とデルタ関数　210
- C.6　ラグランジュの未定乗数法　212

おわりに　215
索引　217

第Ⅰ部

化学熱力学

マクロの立場から

熱力学は，永久機関の開発の試みや熱機関の効率の研究を通して確立された経験則をもとに，気体，液体，固体などの相平衡や化学平衡など巨視的な物理や化学の諸法則を与える．以下では，これらの経験則である熱力学第一法則と第二法則を基礎として，化学反応の平衡定数は，どのような巨視的（分子集合体を連続体とみなすことのできる）物理量によって決定されるのかを理解する．実際の物質は分子からなり，分子は温度に応じた速度で動き，また分子同士で衝突を繰り返している．この分子の動きや衝突とそれに伴う化学反応は，分子の間の相互作用や分子の化学結合の様式に依存する．我々の観測にかかる巨視的な性質，たとえば圧力は，非常に多数の分子とそれを閉じ込めている壁との衝突によってもたらされる．このような描像については，第II部の統計力学で扱うことにする．熱力学は，個々の分子の性質に基づいた物質の具体的性質について予測することはできないが，物質によらない極めて一般的な学問体系を構成する．

　系は与えられた条件の下で安定な状態へと移行して，それ以上巨視的には変化が観測されない平衡状態に到達する．この平衡状態では，温度，圧力，密度などは系内のどの場所でも一様である．熱力学では，外部条件とこの平衡を決める量との関係を確立し，系が与えられた条件下で平衡であるかどうかの判定についても取り扱う．この平衡は，気体と液体が共存する相平衡や化学反応と濃度の関係を記述する化学平衡など多岐にわたる．また，主に扱う平衡での熱力学とは直接関係ないが，平衡に至る化学反応の速度についても，その巨視的な側面には簡単に触れることにする．

第1章
熱力学量とその変化

　以下の熱力学において考察の対象となる系を記述するために必要な物理量を取り上げる．そのなかで，エネルギーの他に温度，圧力の性質と，それらの間の相互の関係について説明をする．また，それらの量が変化するとき，変化の方向を逆にできるかどうかの可逆性は，熱力学において非常に重要な事柄であり，このことについてやや詳しく述べる．

1.1　系と外界

　いま考察の対象としている一定量の物質からなる部分を系と呼ぶ．たとえば，ある量の水が容器に入っている場合を考えよう．平衡状態にある系内ではいたるところで温度，圧力などの値は等しい．このことは後で確認するが，これらの値が等しくなければそれを解消する方向に変化することが期待されることから，直感的に理解できるであろう．この系の外に，系に種々の影響を及ぼすことのある外界があり，系は外界と何らかの接触をしている．物質の出入りは禁止されているが，熱エネルギーの交換が可能な系では，外界とは温度が等しいことになる．この場合，温度とは別に機械的条件も選択できて，体積（カノニカル）もしくは圧力（等温等圧）が固定される場合が，通常の実験に対応する系となる．さらに，系の体積は一定であるが，熱と物質の出入りは可能である場合も考えられ，この場合には外界とは温度と化学ポテンシャルとよばれる量が等しい．これは開放系（グランドカノニカル）とよばれ，相平衡や浸透圧を扱う場合に有用である．外界とは熱的に遮断され物質の出入りもない場合には孤立系とよばれ，内部エネルギー，体積，物質量が一定となる．

　表1.1に系とそれを特徴づける適切な独立変数の例を載せておく．以後，これらの変数は系の値のことを意味し，外界であることを明示する場合には，たとえば圧力では p_ext のように表す．もちろん系と外界が平衡であるときは，温度や圧力は両者で一致する．

表 1.1 熱力学における系（アンサンブル）と独立変数

系	独立変数	例と特徴
孤立	n, U, V	一定体積の断熱壁中の分子，熱移動と体積変化なし
カノニカル	n, V, T	熱浴と接触した一定体積に閉じ込められた分子
等温等圧	n, p, T	熱浴と接触した一定圧力下の可変体積の容器に閉じ込められた分子，通常の実験条件
グランドカノニカル	μ, V, T	半透膜によって隔てられた溶液，浸透圧の実験

n, U, V, T, p, μ はそれぞれ，物質量，内部エネルギー，体積，温度，圧力，化学ポテンシャルを表す．化学ポテンシャルについては後述．

1.2 熱力学量と状態方程式

以下ではしばらくの間，系はただ 1 種類の分子から成り，化学反応などにより他の分子種へ変化をしない場合を考えよう．また，重力などの外場の影響は，直接には考慮しない．このような条件の下における平衡では，系の中で温度や圧力はそれを測定する場所によらず一定であり，物質の巨視的な移動は起きない．この系を特徴づける巨視的な物理量として，我々に最もなじみの深い（絶対）温度 T，圧力 p，体積 V，物質量（モル数）n を選ぶことにする．たとえばよく知られた理想気体の場合

$$p = \frac{nRT}{V} \tag{1.1}$$

のように表され（R は気体定数），一般の物質においても

$$p = f(T, V, n) \tag{1.2}$$

の関係が成り立つ．つまり，物質の種類が決まれば，以上の 4 個の量は独立ではない．この例では圧力 p は従属変数であって，他の T,V,n が与えられればその値は決まる．この関数のことを状態方程式とよぶ．もちろん，f を裏返して V をそのほかの量により

$$V = g(T, p, n) \tag{1.3}$$

のように表すこともでき，これも状態方程式とよばれる．この中で，理想気体やファンデアワールス (van der Waals) の状態方程式がよく知られている．液体にも状態方程式は存在するが，理想気体のような一般的な形は知られていな

い*1. それでは，このような状態方程式のなかで，独立な変数の数はいくつであって，どのように選べばよいのだろうか．それは，多成分や複数の相が共存する場合の一般的な規則として，後に相律とよばれる法則を導いて明らかにする（5.5節）．ここで取り扱う1成分系では，pは変数 T, V, n を用いて表されること，すなわち独立な変数は3であることを認識しておくにとどめる．

一般には，状態方程式である関数 f は物質により異なる．実在の物質に対する状態方程式については，すべての温度・密度範囲を精度よく記述することは不可能であり，温度や密度に応じて近似的ではあるが適当な関数を選択しなければならない．その場合には，物質に対応する一群のパラメータが必要である．そのパラメータの決定には，温度と密度（または体積）を変えながら圧力を測定するなどの実験を，個々の物質に対して行うことが必要となる．

1.3 圧力と仕事

圧力は，日常馴染みのある物理量であり，またその定義が単位面積に働く力であることからも，容易に理解できる（ただし，圧力を表すための単位は多様であって注意を要する）．具体的例として，図1.1のように質量 m のピストンにより面積 $\mathcal{A}$ 高さ h の空間に気体を閉じ込めると，g を重力加速度として力の平衡から圧力は $p = mg/\mathcal{A}$ となる．

気体の膨張は，質量 m のピストンを持ち上げ，これは重力に抗して仕事をすることになる．したがって，高さが Δh だけ変わるとき気体が外部に対してした仕事は

$$mg\Delta h = F\Delta h = \frac{F}{\mathcal{A}}(\mathcal{A}\Delta h) = p\Delta V \tag{1.4}$$

である．逆に，気体が一定圧力 p に抗して体積変化をしたときに，系になされた仕事は

$$w = -p\Delta V \tag{1.5}$$

と表される．ここで注意を要することは，この体積変化が非平衡（外部から系に及ぼす圧力 p_{ext} と内部の圧力 p が釣り合っていないとき）条件下で起きる

---

*1 これには無理からぬ事情がある．というのは，低密度や高温などの条件下では液体は存在せず，そもそも理想化されたモデルを設定する条件が整っていないためである．液体のような高密度では，圧力は分子間の相互作用，したがって分子種や温度に強く依存する．

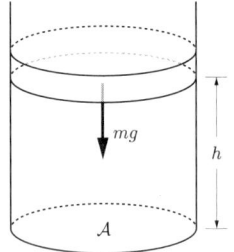

図 1.1 断面積 $\mathcal{A}$ 高さ h の空間に閉じ込められた気体

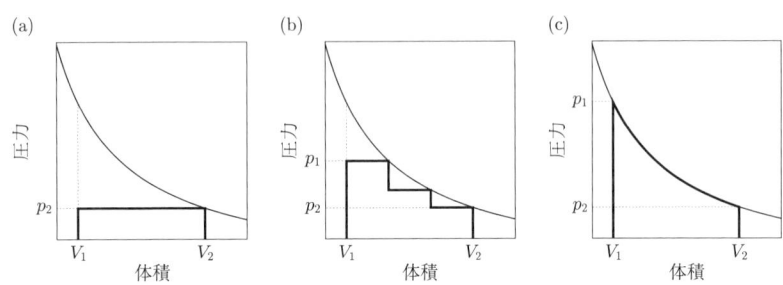

図 1.2 気体が膨張するときに，気体が外部にする仕事

太線と横軸で囲まれた面積が，気体がした仕事に相当する．外部の圧力は膨張後には圧力は内部の圧力と等しくなるように設定してある．太線の高さは外部の圧力，双曲線は内部の圧力を表す．(a) では最初の高圧から一気に外部の圧力まで不可逆膨張する．(b) では3段階に分け，そのために得られる仕事は (a) よりも増加する．(c) では，内部は常に外部よりも無限小だけ圧力を高くして，可逆的に膨張し，そのために最大仕事が得られる．

場合には，

$$w = -p_{\text{ext}} \Delta V \tag{1.6}$$

で与えられることである．

この圧力と体積変化による機械的仕事について，もう少し詳しく見てみることにする．体積 V_1 から V_2，それに対応して圧力は p_1 から p_2 に変化する過程を考える．閉じ込められている気体は理想気体として，簡単のために，$p_1 > p_2$ かつ $V_2(p_2)$ の状態において $p_2 = p_{\text{ext}}$ とする（つまり，膨張し終わった体積において，内部と外部の圧力が等しい）．ここで，理想気体の内部エネルギーは，温度のみに依存し体積とは無関係であることを，しばらく証明なしで使う（後に，状態方程式のみから導けることを示す；4.4節）．系は重力に抗して仕事をして，質量 m を Δh だけ持ち上げる．$p_2 = p_{\text{ext}} = mg/\mathcal{A}$ であるので，系が外界に対してした仕事は別の表現では $-w = p_{\text{ext}} \Delta V$ である．

しかし，最終的に体積 V_2 まで膨張する気体は，V_1 の時点では m よりもう少し大きな質量の物体を持ち上げることができるはずである．そこで，持ち上がるぎりぎりの質量にして，少しピストンが上がったところで，質量の一部をそのときの位置（高さ）に残し身軽になって，また膨張することを繰り返す．外圧は気体内部の圧力と等しい（僅かに低い）ようにとって，無限小上昇するたびに質量をその位置に残してくればよい．このようにして，最終的には圧力が p_2 になるようにピストン上の質量を逐次調整する．この場合には，最終的な平衡となる一定の外部の圧力 p_2 に対して膨張するよりも，明らかに外界に対して大きな仕事をしている．このことをもう少し直感的に理解する例を挙げる．閉じ込めた気体の圧力により，空のエレベーターを釣り合いの高さまで持ち上げる操作を考える．最終的に釣り合った高さまで到達したときに，内部の気体とエレベーターの質量による圧力（外圧）が一致する．エレベータのみで上昇する場合には図 1.2(a) のようになり，仕事は，最終的な圧力 p_2 と体積 V_1 および体積 V_2 で囲まれた，長方形の面積で表される．エレベーターには人を乗せて，圧力がほとんど釣り合いの条件を満たすように途中で人を降ろしながら，最後に空の状態で同じ高さまで到達することができる (図 1.2(b))．このとき，途中で降ろしてきた人も幾分かでも上の階に移動したことから，気体は最初から空で上昇した場合 (図 1.2(a)) よりも，余分の仕事をしたことになる．この過程の極限を考えると図 1.2(c) のようになり，最大仕事が得られることがわかる．

1.4 熱と温度

前述のとおり，膨張・収縮がすべて等温的になされた場合には，理想気体の内部エネルギーは変化しない．そのため，系が外界に行った仕事を $-w$（系になされた仕事は w）とすれば，系はこれと等量のエネルギーを熱として得る（熱力学第一法則）．このように，熱はエネルギー移動の形態であって，それには機械的仕事によるエネルギー移動や外場（電磁気など）によるエネルギー変化を除いたものである．熱としてのエネルギーの移動は温度が等しい場合には起こらず，逆に 2 つの系で熱的エネルギー移動がないときには，この 2 つの系は熱平衡にあり，温度が等しい（熱力学第零法則ということもある）．さらに，エネルギーは熱として温度の高いほうから低いほうに移動するという，日常の経験をそのまま認めることにする．このことは，あとで熱力学第二法則に関連してより詳しく説明する．温度の基準としては，水の融点と沸点が使わ

れる（正確には水の気体，液体，固体が同時に平衡にある温度により定義される）．

機械的仕事は，すでに示したように，内部の圧力とは無関係な外部の圧力 p_{ext} つまり圧縮膨張する方法に依存して，最初と最後の状態（系の温度や圧力など）だけでは，その変化量を表すことができない．また，熱についても系の状態のみでは表すことができないことを後に示す．

1.5 可逆過程と不可逆過程

系が最初の状態から出発して，別の状態に移る過程を考える．外界も含めて最初の状態に戻すことが可能な過程のことを可逆過程という．可逆過程の例としては，気体の可逆膨張がある．これは，系の圧力と外界の圧力が釣り合って平衡にあるとき，ピストンにきわめて軽いおもりをのせることで，系の圧力もこれに応じて無限小圧力を増加させる．このような操作を繰り返して，図 1.2(c) の場合のように（無限に時間がかかることを含めて，また現実に可能かどうかは別にして）有限の圧力変化をもたらす過程である．この逆の過程も周囲に何の変化も残さずに，最初の状態に戻すことができるので，可逆過程である．理想的な熱機関である後述のカルノー (Carnot) サイクルは等温および断熱の膨張と収縮から成る可逆過程の組み合わせである．一連の変化で系が最初の状態に戻ったとしても，外界が変化している場合には可逆過程ではない．

可逆過程ではないものを不可逆過程という．我々の日常経験する不可逆過程の例として，混合過程がある．たとえば，過マンガン酸カリウムの溶液を水に滴下すれば，その紫の色が徐々に広がる．この 最終的には全体が一様な色になるような現象は，不可逆過程である．この水溶液の分子の速度がすべて逆の場合もあるので，過マンガン酸カリウムの分子が1ヵ所に集まり，濃い溶液ができることも原理的にはありうる．しかし，現実にこのようなことが起きるのを目の当たりにすることはない．このような拡散は，その逆の過程が自発的には起こらないという意味で，不可逆過程の一例である．もう1つの例として，温度の異なる2種の物体を接触させると，高温から低温の物体に熱としてエネルギーが移動し，外界の変化なしにはその逆の過程は起こらない[*2]．このように，一般に起こる過程は不可逆である．ある過程が時間とともに進行す

[*2] 2種の物体以外に外界との熱のやり取りを考えれば，当該の物体については最初の温度に戻すことはできる．さらに，エアコンのように低温側から熱エネルギーを高温側に移すことも，外部からの仕事により可能となる．

るとき，時間を反転させてみて起こりそうもない場合には，それは不可逆過程と考えられる．

1.6 示強変数と示量変数

もう少し注意深く圧力 p についての状態方程式を眺めてみよう．理想気体の場合には温度一定の下で V と n を同時に2倍にしても，圧力は変わらない．このことは，理想気体に限らずどのような物質でも，またどのような相でも成り立つ．これは我々の日常経験からも容易に理解される．つまり，p を従属変数とした状態方程式の中では，V と n は単独ではなく必ず密度 $\rho = n/V$ のかたちでのみ現れる．別の表現をすれば $p = f(T, \rho)$ となる．これは，p が事実上2変数の関数であることを物語っている．このことから明らかなように，$V = g(T, p, n)$ は結局のところ $V = ng'(T, p)$ であることがわかる．$f(T, \rho)$ また $g'(T, p)$ が，それぞれどのように複雑な関数であろうとも，常に V と n の関係は単純である．

ある種の物理量が物質の量に比例することは，当たり前であろう．体積 V や内部エネルギー U，さらに後に現れることになるエントロピー S，ヘルムホルツ (Helmholtz) 自由エネルギー A などがこれに相当し，温度と圧力一定の下では n（の1次）に比例する．これも我々の日常経験からきわめて自然なことであり，驚くに当たらない．これらは示量変数とよばれる．一方，これらとは異なり，物質量には直接依存しない一連の物理量がある．この例として，密度 ρ が挙げられる．温度と圧力，n が与えられれば体積が状態方程式により与えられ，ρ は決定する．物質量が2倍になれば体積も2倍になり，したがって密度は変わらない．このような性質を持つ量を示強変数とよぶ．考えている系が平衡であるなら，系内では場所によらず示強変数である温度と圧力は一定であり，物質の移動も熱エネルギーの移動も起こらない（逆に，温度差や圧力差，また多成分系では空間的な不均一性が，エネルギーや物質の移動を引き起こす）．

以下ではモル当たりの熱力学量として，たとえば $v = V/n$ などのように，示量変数に対応する小文字を使用することが数多くある．もちろん，これらは示強変数である．

問題 1.6.1 物質量の2乗に比例するような物理量は考えられるか？　また，あった場合にどのようなことが予想されるか？

第2章
理想気体と実在気体

　気体は液体と比べると，熱力学において取り扱いが容易であり，すべての気体が低圧高温では理想気体の状態方程式に漸近することがわかっている．それからのずれに注目して，より実在に近い気体の状態方程式の性質を調べ，気体と液体の間の転移やその区別が無くなる臨界点 についても説明する．

2.1　理想気体

　気体の物質量と体積には，前章最後の節で説明したような関係があるが，それと同時に低密度高温の気体では，気体の種類によらず，温度，圧力，密度にボイル-シャルル (Boyle-Charles) の法則が成り立つことが知られている．このボイルの法則（一定温度下において p と V は反比例，図 2.1 中の破線）とシャルルの法則 （一定圧力下では，体積は温度 1°C 上昇ごとに 0°C の約 1/273 だけ増える）を組み合わせれば，理想気体の状態方程式

$$pV = nRT \qquad (2.1)$$

が得られる．ここで R は気体定数と呼ばれ，その値は $R \approx 8.314$ J mol^{-1}K^{-1} である．もちろん，これを書き直して密度 (ρ) により表せば

$$p = \rho RT \qquad (2.2)$$

となり，物質量に依存しない量の関係式として表されることになる．

　理想気体の 1 モル当たりの体積（モル体積）は，大気圧下 0°C で 2.24×10^4 cm^3 を超え，対応する液体や固体のモル体積が大きくても数十 cm^3 なのと比べると約 10^3 倍と格段に大きい．分子そのものの大きさが，液体から気体への相変化によって変わることは考え難く，したがって気体の体積の大部分は分子の存在しない空間であると考えられる（もし，分子の大きさが圧力に応じて変化するなら，極低圧では分子に触れてその大きさを認識することができるかもしれない）．理想気体の状態方程式では，この分子が占める以外の空間が

重要であることを意味している．また，理想気体の状態方程式の発見のもととなったボイル–シャルルの法則が，低密度の実在気体でよい近似で成立することに対する説明にもなっている．理想気体の状態方程式では，密度にかかわらず温度が低くなれば圧力は0に近づく．これは，理想気体を構成している分子が分子間力を持たないことを意味している[*1]．第9章で詳しく説明するが，理想気体の圧力は，運動している分子の壁との衝突によってもたらされる．また，平衡では気体が閉じ込められている内部と外部の圧力は等しく，その結果，系内部の体積が決まることになる．

理想気体の状態方程式は，力学的モデルから導かれる体積と圧力に加えて，温度との関係も含めた，ボイル–シャルルの法則をひとまとめにしたかたちとなっている．また，近似的ではあるが多くの実在気体で成立する．理想気体の状態方程式が重要である理由は，(i) 低密度ではすべての実在気体が理想気体の状態方程式に近づく，(ii) モデル化の根拠が明確（分子を分子間相互作用のない質点と近似），(iii) 平衡において重要な役割を担う化学ポテンシャル（4.5節）等の熱力学量が簡単に計算される，などの利点のためである．

2.2 ファンデアワールス状態方程式

これまでの議論からも，理想気体の状態方程式の中に，分子間の相互作用の影響は取り入れられていないことは明らかであろう．液体状態では分子は隣接して存在し，その近接することの原因は，分子間に働く引力的な相互作用である．そのために，理想気体の状態方程式により液体状態を記述することは，本来不可能である．それでは，液体と気体の両方を表す状態方程式は可能であろうか．そのために，圧力に対する分子間の相互作用の影響と，体積における分子の大きさとを，直感的に取り入れてみよう．密度が低い場合には，平均的な分子間相互作用の大きさは，（分子間の距離が近接する確率である）密度 $\rho = n/V$ の2乗に比例するので，分子間の引力に由来する定数 a を導入して，圧力は

$$p \to p + a\rho^2, \qquad (2.3)$$

とするのが自然である．また，体積のうちで自由に運動できる空間は，分子が

[*1] 大気圧程度の圧力下の実在気体でも，理想気体の状態方程式がよい近似で成り立つことは，気体の体積に比べてそのなかで実際に分子が占める体積は極めて小さいことを意味する．

2.2 ファンデアワールス状態方程式

本来有するモル体積 b を差し引いた残りの部分と考えられるから

$$V \to V - nb \tag{2.4}$$

により，理想気体の状態方程式を置き換える．ここで，a と b は物質に依存する．この結果，

$$\left(p + \frac{n^2 a}{V^2}\right)(V - nb) = nRT \tag{2.5}$$

を得るが，これは

$$p = RT \sum_{j=1} b^{j-1} \rho^j - a\rho^2 \tag{2.6}$$

とも書ける．これがファンデアワールスの状態方程式である（図 2.1 の実線）．$\rho \to 0$ では理想気体の状態方程式となる．

　この状態方程式の V を p に対して解くと（n は固定），p をどのように変化させても 1 個の解しか持たない T と 3 個の解を持つ場合がある T に分けられる．このことについてもう少し詳しく調べてみよう．圧力 p が V の関数として極小値と極大値が一致する（変曲）点を持つ条件は

$$\left(\frac{\partial p}{\partial V}\right)_T = 0 \tag{2.7}$$

$$\left(\frac{\partial^2 p}{\partial V^2}\right)_T = 0 \tag{2.8}$$

である．この条件を満たす温度よりも高ければ，温度と圧力を指定したときの体積は 1 通りしかないが，この温度以下では 3 通りの体積があることになる．この条件を満たすときの (T, p) 平面上の点は臨界点とよばれ，臨界点の温度（臨界温度）$T_c = 8a/27bR$ と臨界密度 $\rho_c = 1/3b$，臨界圧力 $p_c = a/27b^2$ を与える．臨界温度の上下の温度における体積－圧力の関係を図 2.2 に示す．

　一定温度の高温では圧力は体積の増加に従って単調に減少する．一方，低温では圧力は減少し極小値を経て増大しはじめ，さらに極大値をとって再び減少に転じる．ここで，体積の小さい状態は液体であり，また体積の大きな状態は気体と同定してもよいであろう．正の傾きを持つ（等温圧縮率が負；これについては 4.6 節参照）領域は，熱力学的に不安定な状態であり，現実に観測されることはない．この領域で実現されるのは，一定圧力で液体と気体が共存している状態である．この気体と液体が平衡にある場合には，2 つの状態（相）の温度が等しい他に，化学ポテンシャルといわれる量が等しい．この化

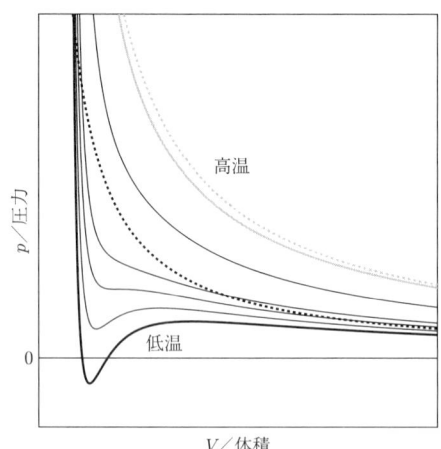

図 2.1 温度を固定したときの理想気体（破線）とファンデアワールス流体（実線）の体積-圧力

ファンデアワールス流体では高温から低温まで，温度差は一定．理想気体は最高温と最低温のみ．

学ポテンシャルに対する条件から，図 2.2 中の水平線（p 一定）と極小値で囲まれる面積と極大値で囲まれる面積が等しくなるように p を選ぶ（マクスウェル (Maxwell) の等面積則）ことができる．体積が小さい液体状態から出発すると，この状態方程式により次のような変化をすべて記述することができる．体積増加に伴い圧力が低下し，等面積則により決定した p において液体はその一部が気体に変化する．気化に伴い体積は増加するが，液体と気体が共存するときには圧力は常に一定である（一定温度下）．すべてが気化すると，さらなる体積の増加に伴い，圧力は低下しはじめる．以上のように，ごく定性的ではあるがファンデアワールスの状態方程式は気体，液体とその気液共存状態を表すことができる．

問題 2.2.1 ファンデアワールス状態方程式の a は ρ の 2 次の係数である．なぜ 1 次の係数は 0 になるのか．

問題 2.2.2 ファンデアワールス状態方程式では臨界温度 $T_c = 8a/27bR$，臨界密度 $\rho_c = 1/3b$，臨界圧力 $p_c = a/27b^2$ であることを示せ．

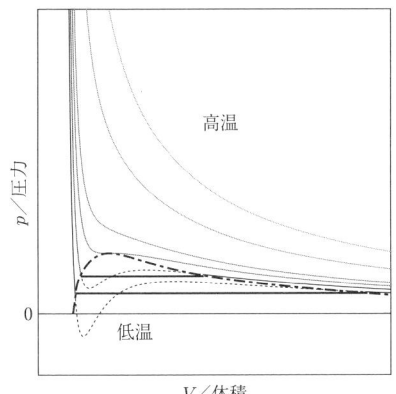

図 2.2 温度を固定したときのファンデアワールス流体（実線）の体積-圧力

高温から低温まで（グレースケール），温度差は一定．破線は準安定または不安定であり，この間（太線）では左端の液体と右端の気体が共存する．一点鎖線で囲まれた領域では，体積を変えたときに，複数の相が出現する．

2.3 実在気体

実在気体の状態方程式は，数密度（$\rho = N/V$）の冪で展開する方法が考えられる．

$$p = \rho k_B T + \sum_{j=2} B_j(T)\rho^j. \tag{2.9}$$

これがビリアル (virial) 展開であり，気体が希薄（$\rho \approx 0$）であるときには有用である．ここで，N_0 をアボガドロ (Avogadro) 数として，$k_B = R/N_0$ はボルツマン (Boltzmann) 定数とよばれる．展開係数 B_j は温度の関数であるが，明確な物理的意味があり，そのはじめのほうは簡単な（球形）分子間相互作用に対しては解析的あるいは数値的に計算可能である．たとえば B_2 は 2 分子間の相互作用を $\phi(r)$ として

$$B_2(T) = -\frac{1}{2}\int_0^\infty \left[\exp\left(-\frac{\phi(r)}{k_B T}\right) - 1\right] r^2 dr \tag{2.10}$$

で与えられる．しかし，液体状態に対応する高密度（$\rho \gg 0$）では，展開式の収束は極めて遅いため，この方法は適切ではない．実際，高密度領域も含めた直径 σ の剛体球（2 分子間に引力は作用せずまた直径以内に近づくことができ

ない）の状態方程式として正確であることが知られているカーナハン–スターリング (Carnahan-Starling) 式では，充填率 $\eta = \pi\rho\sigma^3/6$ を用いて，圧力は

$$p = \rho RT \frac{1 + \eta + \eta^2 - \eta^3}{(1-\eta)^3} \tag{2.11}$$

のように表される．これは，密度展開の無限次までの項を取り込んだ形となっている．この状態方程式では，$\eta \to 1$ では $p \to \infty$ となり，流体では固体の最密充填と同じ密度は実現されない[*2]．高圧でよく使われるこの他の状態方程式には，ペン–ロビンソン (Peng-Robinson) 方程式

$$p = RT\frac{\rho}{1-\rho B} + \frac{A\rho^2}{(1-\rho B)^2 - 2} \tag{2.12}$$

などがある．ここで A と B は物質種に依存する定数である．

問題 2.3.1 ファンデアワールス状態方程式の第二ビリアル係数を a と b を用いて表せ．

[*2] 剛体球から成るすべて状態において $\eta \leq 1$ であり，$\eta = 1$ は最密充填構造である面心立方構造や六方最密充填構造において実現される．他の結晶型や長距離秩序を持たない流体相では 1 よりも必ず小さい．

第3章
熱力学の法則

この章では，熱力学において基本となる，熱力学第一法則と第二法則について，その内容を詳しく説明する．第一法則は孤立系でのエネルギー保存を，第二法則は孤立系でのエントロピー (entropy) 増大を意味している．これらの法則の帰結として，我々の世界の変化の方向や，熱エネルギーと仕事の相互変換の制約が導かれることを示す．

3.1 熱力学第一法則

熱力学第一法則は，エネルギーの保存則のことをいう．これは，エネルギーを生み出す第一種永久機関を製作することが不可能であるという，経験則から導き出された．この法則によれば，系のエネルギー（以下では内部エネルギー U）の変化は，外界との熱や仕事によるエネルギー交換にのみにより起こり，系内で新たに作り出されることはない．つまり，その微小増加量 dU は，系が得た微小熱量 $d'q$ と系になされた微小仕事 $d'w$ の和として

$$dU = d'q + d'w \tag{3.1}$$

の関係が成立する．ここで微小を表す通常の d の代わりに，熱や仕事には d' を用いるが，前にも述べたように，これらが系の状態を表す量だけでは規定することができず，その経路にも依存するためである．

しばらくの間，仕事 $d'w$ は機械的な仕事だけに限ることにすると

$$d'w = -pdV \tag{3.2}$$

である．ここで p により表す圧力は，系の外部から系に及ぼされる圧力 p_{ext} のことである．このために不可逆過程では，圧力による機械的仕事 $d'w$ は，変化の過程に依存することは以前に示した．もちろん，可逆過程では外部と内部の圧力は等しいが，この場合にも圧力の変化の仕方は一義的ではないために，最初と最後の状態だけでは決まらない．いま考えている系では分子の出入

りがないとすれば,系の内部エネルギーの変化 dU は,系が熱エネルギーとして得た $d'q$ と外部からなされた仕事 $(-pdV)$ の和であり,

$$dU = d'q - pdV \tag{3.3}$$

のように表される.つまり,前述のように系のエネルギーは外界との仕事と熱のやり取りによってのみ変化することができ,系内で生み出されることはない.一般には,

$$dU = d'q + \sum_i X_i dx_i \tag{3.4}$$

と書け,ここで (X_i, x_i) の例としては,p の他にゴム糸に対する張力 τ と長さ l に対する τdl や表面張力 γ と表面積 A の場合の $\gamma\, dA$ などが挙げられる.また,電気・磁気的エネルギーについても,たとえば電位と電荷により,同様に表現することができる.

以上のエネルギーの保存則は,内部エネルギー U について,系の状態を決める巨視的変数が,様々な変化をした後に最初の状態に戻れば,$\Delta U = 0$ であることを意味している.つまり,内部エネルギーはいくつかの巨視的変数(たとえば T, p, n)によってその値が決まる状態関数であり,その履歴(変化の過程)には依存しない.それゆえ dU は完全微分とよばれる.これに比して,$d'q$ や $d'w$ は,その変化の経路に依存し,状態を表す巨視的な変数のみでは決定することができない.これは,仕事と熱が相互に(後述のように制約があるが)変換可能であることによる.

内部エネルギー U のような量は,少数の他の変数(熱力学量)の関数である.したがって,U を T と V の関数であるとみなせば,完全微分である dU は

$$dU = \left(\frac{\partial U}{\partial T}\right)_V dT + \left(\frac{\partial U}{\partial V}\right)_T dV \tag{3.5}$$

のように表され,U が T と V の関数であるから

$$\left(\frac{\partial}{\partial V}\left(\frac{\partial U}{\partial T}\right)_V\right)_T = \left(\frac{\partial}{\partial T}\left(\frac{\partial U}{\partial V}\right)_T\right)_V \tag{3.6}$$

が成立する(補遺第 C 章参照).後に,この微分の順序変更による導関数(交差微分)の不変性に基づいて,重要な一連の式を導く.

系の温度が微小量 dT 変化するとき,系が得る熱 $d'q$ を得る場合を考える.その比は熱容量とよばれるが,温度を変化するときの条件に依存する.その条

件を規定するために，温度上昇時に一定に保つ熱力学量（通常は体積や圧力，場合によっては磁場など）を指定する必要がある．実験的には体積もしくは圧力が固定しやすく，それぞれに対応して定積熱容量と定圧熱容量が重要な熱力学量である．このうち，体積が一定の条件下における熱容量（定積熱容量）は，$d'w = -pdV = 0$ なので $d'q = dU$ であることから

$$C_V = \left(\frac{\partial q}{\partial T}\right)_V = \left(\frac{\partial U}{\partial T}\right)_V \tag{3.7}$$

と表される．一方，圧力が一定の下では $d'q = dU + pdV$ であるため，熱容量は

$$C_p = \left(\frac{\partial q}{\partial T}\right)_p = \left(\frac{\partial U}{\partial T}\right)_p + p\left(\frac{\partial V}{\partial T}\right)_p \tag{3.8}$$

となる．内部エネルギーに機械的仕事を加えた変化を表すために便利なエンタルピー (enthalpy) $H = U + pV$ を導入することにより，

$$C_p = \left(\frac{\partial q}{\partial T}\right)_p = \left(\frac{\partial H}{\partial T}\right)_p \tag{3.9}$$

と表される．

3.2 理想気体の等温過程と断熱過程

簡単のために理想気体を例にとり，その n モルの等温膨張と断熱膨張の場合の内部エネルギー変化，熱，仕事について調べてみよう．ここでは，内部エネルギーを温度と体積の関数とみなしたとき，理想気体では温度だけの関数であり，体積には依存しないことを用いる．図 3.1 に表されるように，温度 T_1,圧力 p_1 の n モルの理想気体が，等温膨張する場合と断熱膨張する場合での，内部エネルギー，熱および仕事を計算する．

1. 等温膨張

    一定温度 T_1 において n モルの気体が体積 V_1 から V_2 に膨張するときの，内部エネルギー変化，仕事，熱を計算しよう．まず，n 一定の下では，dU は

    $$dU = \left(\frac{\partial U}{\partial T}\right)_V dT + \left(\frac{\partial U}{\partial V}\right)_T dV \tag{3.10}$$

    と表される．等温過程の内部エネルギー変化の体積依存性

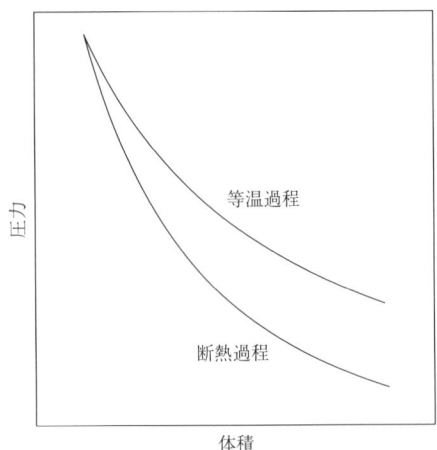

図 3.1 理想気体の等温と断熱可逆膨張過程における圧力

可逆断熱膨張では，必ず温度は低下するので，圧力は等温過程の場合よりも低くなる．

$$\left(\frac{\partial U}{\partial V}\right)_T = 0 \tag{3.11}$$

から，体積変化による内部エネルギー変化は

$$\Delta U = 0 \tag{3.12}$$

となる．一方，可逆過程における仕事 w については，

$$d'w = -pdV \tag{3.13}$$

なので，理想気体の状態方程式から

$$p = \frac{nRT}{V} \tag{3.14}$$

により，

$$w = -\int_{V_1}^{V_2} pdV = -nRT_1 \ln \frac{V_2}{V_1} \tag{3.15}$$

が導かれる．またそのときの膨張による仕事は熱と相殺するので，熱は

$$q = nRT_1 \ln \frac{V_2}{V_1} \tag{3.16}$$

となる．一定温度における膨張は，図 3.1 上側の曲線のように，双曲線

となっている．

2. 断熱可逆膨張

温度 T_1 から T_2 また体積 V_1 から V_2 への変化する場合を考える．この場合にも，断熱過程という制約を課していることから，最終温度 T_2 と最終体積 V_2 は独立ではないことは，明らかであろう．断熱変化に伴う内部エネルギー変化および仕事，熱移動は理想気体では定積熱容量 C_V を用いて

$$d'q = dU + pdV$$
$$= \left(\frac{\partial U}{\partial T}\right)_V dT + \left[\left(\frac{\partial U}{\partial V}\right)_T + p\right] dV \tag{3.17}$$
$$= C_V dT + \frac{nRT}{V} dV = 0 \tag{3.18}$$

が成立する．そのため，

$$\frac{C_V}{T} dT = -\frac{nR}{V} dV \tag{3.19}$$

または，

$$\int_{T_1}^{T_2} \frac{C_V}{T} dT = -\int_{V_1}^{V_2} \frac{nR}{V} dV \tag{3.20}$$

のように，温度と体積変化が分離される．さらに C_V が温度に依存しない場合には

$$C_V \ln \frac{T_2}{T_1} = -nR \ln \frac{V_2}{V_1} \tag{3.21}$$

のように，温度と体積の関係が決まる．これは，当然のことながら等温膨張の場合とは異なり，断熱膨張では温度が低下することを意味する．内部エネルギーは温度のみの関数なので，

$$\Delta U = U_2 - U_1 = \int_{T_1}^{T_2} C_V dT = C_V(T_2 - T_1) \tag{3.22}$$

となり，また仕事は

$$w = \Delta U - q = C_V(T_2 - T_1) \tag{3.23}$$

により与えられる（断熱のため $q = 0$）．この w は本来の

$$w = -\int_{V_1}^{V_2} p dV = -\int_{V_1}^{V_2} \frac{nRT}{V} dV \tag{3.24}$$

を用いて T と V の関係からも誘導できる.

先にいくつかの例で示したように，不可逆過程も含めて仕事は外圧に対して行われるので，可逆過程では最大仕事が与えられる．そもそも，$d'w = -p_{\text{ext}}dV$ が任意の外部の圧力を含むことは，仕事が系の性質のみでは決まらないことを意味し，状態関数ではないことは自明である．同様な体積変化を伴う $p_{\text{ext}} = 0$ における断熱不可逆膨張では，$w = 0$ であるから理想気体では温度変化はなく，$T_2 = T_1$ である.

問題 3.2.1 図 1.2 の各種の膨張において，仕事 w は 3 過程で異なる．実際にこのような膨張をしたときに，何が起こるのか．言い換えれば，外界も含めば孤立系であるが，このときにエネルギーはどのようにして保存するのか.

3.3　内部エネルギー，熱，仕事の過程依存性

これまでは，個別の等温と断熱過程における，内部エネルギー変化および仕事と熱について調べてきた．これらを用いて，最初と最後の状態は同じであるが経路が異なる可逆過程の場合を取り上げて，内部エネルギーと仕事や熱の性質の差異を調べる（自由膨張を含めた不可逆過程では $d'w = -p_{\text{ext}}dV$ なので，過程とみなすべき p_{ext} に依存する）．等温過程に引き続いて断熱過程により終状態に至る経路 a と，断熱過程を経て等温により同じ終状態に至る経路 b における，内部エネルギー変化，仕事，熱を計算してみよう．この a と b は図 3.2 に示すように，温度と体積が (T_1, V_1) で与えられる始状態から異なる経路により，可逆的に同じ終状態 (T_3, V_3) に至る変化である.

経路 a では (T_1, V_1) から出発して，等温膨張により (T_2, V_2) となり，さらに断熱膨張により 終状態 (T_3, V_3) に到達する．ここでの $\Delta U, q, w$ は前節の結果を用いて，以下のようになる．ただし，$T_2 = T_1$ のために理想気体では $U_2 = U_1$ であることを用いている.

$$\Delta U_a = (U_2 - U_1) + (U_3 - U_2) = C_V(T_3 - T_1) \tag{3.25}$$

および

3.3 内部エネルギー，熱，仕事の過程依存性

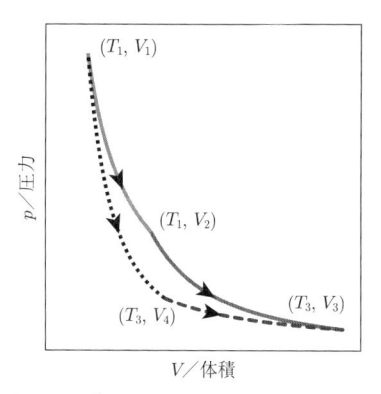

図 3.2 等温断熱可逆過程の組み合わせ

上から下に至る過程は 2 種類あり，等温 + 断熱（実線）と断熱 + 等温（破線）．いずれの場合も出発と最終状態（温度，圧力）は等しい．

$$q_a = nRT_1 \ln\left(\frac{V_2}{V_1}\right) + 0 = nRT_1 \ln\left(\frac{V_2}{V_1}\right) \tag{3.26}$$

から

$$w_a = -nRT_1 \ln\left(\frac{V_2}{V_1}\right) + C_V(T_3 - T_1) \tag{3.27}$$

を得る．

経路 b では，(T_1, V_1) から出発してまず断熱膨張により (T_4, V_4) に到達した後，等温膨張により (T_3, V_3) に至る．同様の計算により，以下の結果が得られる（$T_4 = T_3$ のため，$U_4 = U_3$）．

$$\Delta U_b = (U_4 - U_1) + (U_3 - U_4) = C_V(T_3 - T_1) \tag{3.28}$$

および

$$q_b = 0 + nRT_3 \ln\left(\frac{V_3}{V_4}\right) = nRT_3 \ln\left(\frac{V_3}{V_4}\right) \tag{3.29}$$

から

$$w_b = -nRT_3 \ln\left(\frac{V_3}{V_4}\right) + C_V(T_3 - T_1) \tag{3.30}$$

を得る．

内部エネルギーに対しては $\Delta U_a = \Delta U_b$ である．断熱過程における条件から，$V_2/V_1 = V_3/V_4$ が成立する．このことを考慮しても，仕事や熱では $w_a \neq$

w_b また $q_a \neq q_b$ である．このように，内部エネルギーは状態関数であるが，仕事や熱は経路に依存することが，この具体的事例から確認できる．熱を温度で割った量 $\Delta S = \sum_i q_i/T_i$ は $\Delta S_a = \Delta S_b = nR\ln(V_2/V_1) = nR\ln(V_3/V_4)$ となり等しい．また，(T_1, V_1) から出発して経路 a により (T_3, V_3) に達した後，経路 b の逆の変化（等温収縮と断熱収縮）により最初の状態に戻る．この 1 サイクルは高温部分で熱を得て，低温部分で熱を放出する．また，その際，$\Delta U = 0$ および $\Delta S = 0$ が成立する．この過程はすべて可逆であることに注意しよう．

3.4　熱力学第二法則

熱力学第二法則は自然界が向かう方向を，不等式の形で表す．新たに系のエントロピー S を系が可逆的に得る微小熱 $d'q_\mathrm{rev}$ 以下のように定義する．

$$dS = \frac{d'q_\mathrm{rev}}{T} \tag{3.31}$$

温度 T の系が得る微小熱が $d'q$ であるときに，エントロピー変化は

$$dS \geq \frac{d'q}{T} \tag{3.32}$$

のように書け，等号が成立するのは可逆過程における熱量変化 $d'q_\mathrm{rev}$ の場合に限られる．熱や仕事は変化の経路に依存するが，エントロピーは経路に依存せず（といっても可逆過程という制約は付いているが），温度や圧力，物質量など少数の熱力学量で表される状態で規定される状態関数である（前節ですでに，ΔS は変化の経路によらないことの例を示した）．

エントロピーは熱とは異なり，状態関数であることを確認しておく．体積変化による機械的仕事のみを考慮すればよい場合には，熱は

$$d'q = \left(\frac{\partial U}{\partial T}\right)_V dT + \left[\left(\frac{\partial U}{\partial V}\right)_T + p\right] dV \tag{3.33}$$

と表されるので，これが完全微分であるためには，交差微分についての条件

$$\left(\frac{\partial^2 U}{\partial V \partial T}\right) = \left(\frac{\partial^2 U}{\partial T \partial V}\right) + \left(\frac{\partial p}{\partial T}\right)_V \tag{3.34}$$

より，最後の項が 0 にならなければならないが，これは理想気体ですら成立しないことは明らかである．一方，エントロピーに対しては

$$dS = \frac{d'q_\mathrm{rev}}{T} = \frac{1}{T}\left(\frac{\partial U}{\partial T}\right)_V dT + \left[\frac{1}{T}\left(\frac{\partial U}{\partial V}\right)_T + \frac{p}{T}\right] dV \tag{3.35}$$

3.4 熱力学第二法則

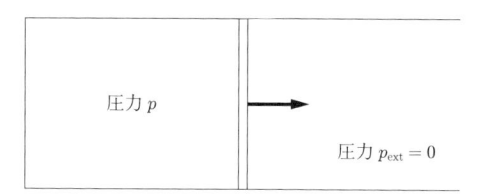

図 3.3 空間に閉じ込められた気体の断熱不可逆膨張（外部の圧力は $p_{\text{ext}} = 0$）

であり，S が完全微分であるためには

$$\left(\frac{\partial U}{\partial V}\right)_T = T\left(\frac{\partial p}{\partial T}\right)_V - p \tag{3.36}$$

が必要である．理想気体において，S が状態関数であることは，

$$\left(\frac{\partial U}{\partial V}\right)_T = 0 \tag{3.37}$$

であることと等価である．

理想気体のエントロピーが状態関数であることは，別の観点からも確かめられる．単原子分子からなる理想気体では $C_V = 3nR/2$ であるので，

$$d'q = dU + pdV = \frac{3nR}{2}dT + \frac{nRTdV}{V} \tag{3.38}$$

と書ける．$dS = \frac{dq_{\text{rev}}}{T} = \frac{3nR}{2T}dT + \frac{nRdV}{V}$ であるので，$\frac{\partial^2 S}{\partial V \partial T} = \frac{\partial^2 S}{\partial T \partial V} = 0$ となり，理想気体の S が状態関数であることが導かれる．

エントロピー変化は，熱の出入りのない不可逆な過程でも引き起こされる．典型的な自発的エントロピー変化（増加）の 3 例を以下に挙げる．

1. 理想気体 n モルの断熱膨張

   この気体が断熱かつ可逆的に膨張した場合には，エントロピー変化は $dS = 0$ であることはいうまでもない．この断熱膨張は既述のように温度の低下を伴う．一方，図 3.3 のように，最終的な体積が等温可逆過程と等しくなるような真空に対する自由膨張では，理想気体では温度は変わらず，体積だけが変化したことになる．可逆過程でないために，このときのエントロピー変化の計算には，$d'q$ を使うことができない．その代わりに，エントロピーが状態関数であることを利用すれば，このような理想気体の膨張は等温の可逆過程として計算可能となる．等温過程では $dU = 0$ であることから，

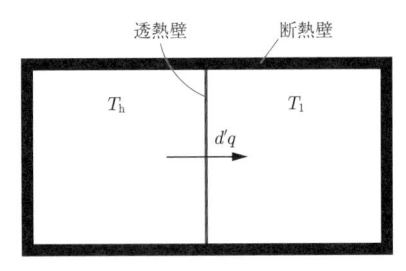

図 3.4 全体が断熱壁で囲まれた高温 T_h と低温 T_l の部分系において，部分系を隔てる透熱壁を通じて，$d'q$ の熱エネルギー移動が起きる場合

$$d'q_\mathrm{rev} = dU + pdV = \frac{nRTdV}{V} \tag{3.39}$$

$$dS = nR\frac{dV}{V} \tag{3.40}$$

で与えられ，外界が真空（外圧が $p_\mathrm{ext} = 0$）に対する自発的体積変化はいかなる場合も $dV > 0$ であるので $dS > 0$ である．

2. 2つの部分系の熱的接触

図 3.4 のように，部分系をあわせた全体は外界から孤立し，部分系の体積変化はないと仮定する．それぞれが温度 T_h と T_l ($T_\mathrm{h}>T_\mathrm{l}$) であって，微小熱量 $d'q$ が T_h から T_l へと移動する．

このときに我々の経験から必ず $d'q$ の符号は正である．もちろん，この過程は不可逆であるために，同様の可逆な過程を考えなければならないが，このことは微少熱量の移動に対しては部分系の温度は不変とみなすことで，簡単に計算できる．エントロピー変化は系全体としては

$$dS = -\frac{d'q_\mathrm{rev}}{T_\mathrm{h}} + \frac{d'q_\mathrm{rev}}{T_\mathrm{l}} = \frac{T_\mathrm{h} - T_\mathrm{l}}{T_\mathrm{h}T_\mathrm{l}}d'q_\mathrm{rev} \tag{3.41}$$

は $d'q_\mathrm{rev} > 0$ より $dS > 0$ となる．

3. 異なった2種類の理想気体 n_1 モルと n_2 モルの混合

温度 T と圧力 p は不変である場合を考える．混合前と混合後の体積は

$$V_1 = \frac{n_1 RT}{p}, \ V_2 = \frac{n_2 RT}{p} \tag{3.42}$$

および

$$V_\mathrm{M} = (n_1 + n_2)\frac{RT}{p} = V_1 + V_2 \tag{3.43}$$

3.4 熱力学第二法則

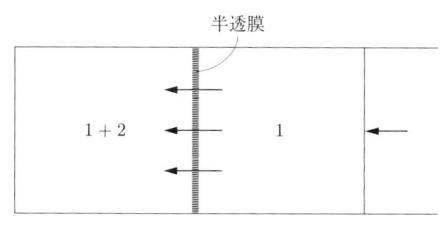

図 3.5 プロセス c

右の成分 1 は同じ分圧の右と半透膜で隔てられていて，左の成分 2 は右に移動することはできない．半透膜の左の圧力を無限小だけ高くすることにより，成分 1 を可逆的に左に移動する．

のように表される．理想気体は混合しても熱の出入りはないが，この過程は不可逆であり，対応する可逆過程による混合を考える．ここでは，成分 1 だけを通す半透膜により 1 を 2 と可逆的に混合する．まず 2 を体積 V_2 から V_M に等温可逆的に膨張する．等温可逆膨張のエントロピーは $dS = nRdV/V$ であるので，このときのエントロピー変化 ΔS_a は

$$\Delta S_a = \int_{V_2}^{V_\mathrm{M}} \frac{n_2 R}{V} dV \tag{3.44}$$

となる．次に，気体 1 は体積を V_1 から等温的に無限大（ΔV_∞）にする．このエントロピー変化 ΔS_b は

$$\Delta S_b = \int_{V_1}^{V_\infty} \frac{n_1 R}{V} dV \tag{3.45}$$

である．その後，1 のみを通す半透膜を通じて 2 と接触し，1 を可逆的に 2 に移す（図 3.5）．成分 1 は分圧が釣り合った状態で 2 のほうに移る．そのために，混合の初期には 1 の分圧は無限小であることが必要となる．

この際のエントロピー変化 ΔS_c は

$$\Delta S_c = \int_{V_\infty}^{V_\mathrm{M}} \frac{n_1 R}{V} dV \tag{3.46}$$

である．これらの過程はすべて可逆であり，1 と 2 の混合前から温度と圧力は一定のままで混合したときのエントロピーは，

$$\begin{aligned}
\Delta S &= \Delta S_a + \Delta S_b + \Delta S_c \\
&= n_1 R \ln \frac{V_\mathrm{M}}{V_1} + n_2 R \ln \frac{V_\mathrm{M}}{V_2} \\
&= -(n_1 + n_2) R (x_1 \ln x_1 + x_2 \ln x_2)
\end{aligned} \quad (3.47)$$

で与えられる．ただし $x_1 = n_1/(n_1+n_2)$, $x_2 = n_2/(n_1+n_2)$ で表されるモル分率である．この場合にも，混合に伴うエントロピー ΔS は正である．

ここで示したのは 3 例であるが，どのようにエントロピーが可逆や不可逆過程と結びついているのかを理解するのに役立つであろう．

第 II 部に詳しい説明があるが，熱のみでは与えられた系のエネルギー準位分布を変化させ，したがって与えられた条件下での，エネルギーの分布の仕方つまり可能な配置の数に変化をもたらし，エントロピーの値を変える．一方，体積変化に代表される仕事は，系のエネルギー順位を変える．この体積変化がゆっくりと断熱可逆的に行われれば，エントロピーは一定値にとどまる．

混合のエントロピーは状態数 Ω とエントロピーの関係を表すボルツマンの原理 $S = k_B \ln \Omega$ を適用しても説明できる．分子は格子点に存在し，異なる分子種だけが区別できると考える．最初に分子種 1 と 2 が仕切で分かれているときには，たとえば右 1 と左 2 に分かれた格子点上への並べ方は 1 通りしかない（同種の分子は区別できない）．仕切を取り去れば，エネルギー的には得失がないので，1 と 2 の混合の仕方はまったくランダムとなり，その場合の数は $\Omega = (N_1+N_2)!/N_1!N_2!$ なので，大きな N に対してスターリング (Stirling) の近似式 $\ln N! \simeq N \ln N - N$ を用いて

$$\begin{aligned}
\Delta S &= k_B[(N_1+N_2)\ln(N_1+N_2) - (N_1+N_2) \\
&\quad - N_1 \ln N_1 + N_1 - N_2 \ln N_2 + N_2] \\
&= -k_B(N_1 \ln x_1 + N_2 \ln x_2) \\
&= -k_B(N_1 + N_2)(x_1 \ln x_1 + x_2 \ln x_2)
\end{aligned} \quad (3.48)$$

となり，上記のエントロピー変化と一致する．この混合は断熱で行われているので，エントロピーが増加することは，混合が不可逆過程であることを意味する．それと同時に自発的な混合は，ランダムな圧倒的多数の分子配列に由来していることがわかる．

問題 3.4.1 式 (3.45) と (3.46) において，V_∞ を介在する必要があるのはなぜか．

3.5 カルノーサイクル

　高温の外界から熱エネルギーを得て，その一部を仕事に変えて低温の外界に残りのエネルギーを熱として放出し，再び最初の状態に戻る．この操作を繰り返すことにより，系はなんらの変化をせずに，熱を仕事に変換する装置（熱機関またはエンジン）を考えよう．我々は日常的にこのようなエンジンの恩恵に与っていて，そのためにもエンジンの効率の理論は重要である．

　ある温度の物体のエネルギーの一部を仕事に変えて，物体自身はより低温となることを考える．もしこのことが自発的に可能であれば，海水を取り込んでより低温の海水にすることにより，その内部エネルギーを仕事に変えることができる．すなわち，我々の周りにある熱エネルギーから燃料なしでエンジンを運転できることになる（第二種永久機関）．これは熱力学第一法則には反しないが（反するものが第一種永久機関），このような一巡の過程は実現不可能である．熱力学第二法則は，歴史的にはこの第二種永久機関の否定から生まれた．そのために，熱力学第二法則に基づいて，熱の仕事への理想的なエンジンから変換効率を考える．

　簡単のためにエンジンを働かせるために用いる物質は n モルの理想気体とする．これまでに，外部への仕事に関して最も効率のよい過程は，可逆過程であることを示してきた．したがって，熱を仕事に変える最も単純な方法は，摩擦のない条件下で外界から理想気体が熱を受け取り，可逆的に膨張して，それが仕事をする場合であろう．理想気体では内部エネルギーは温度だけの関数なので，等温過程では内部エネルギーの変化はなく，熱はすべて仕事に変えることができる．ただし，外圧は系の体積に応じて連続的に減少させなければならない．ここで得られる仕事 w と熱 q の関係は

$$w = -q = -\int_{V_1}^{V_2} p dV = -\int_{V_1}^{V_2} \frac{nRT}{V} dV = -nRT \ln \frac{V_2}{V_1} \tag{3.49}$$

となる．この段階では，この可逆膨張に無限の時間を要することを除けば，変換効率は $\eta = 1.0$ である．しかし，この過程だけではサイクルになっていない．そのため，熱を仕事に変換し続けることができない．等温収縮を可逆的に行って元の体積に戻し，もう一度等温膨張を始めることができるが，このため

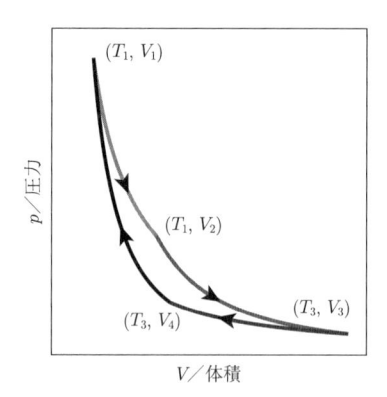

図 3.6 カルノーサイクルにおける体積-圧力

右上からグレースケールにより, (1) 等温膨張, (2) 断熱膨張, (3) 等温収縮, (4) 断熱収縮を表す. この曲線で囲まれた領域の面積が 1 サイクルの仕事に相当する.

には膨張で得られた量と最低でも同じだけの仕事を要する. 結局このような同じ道筋を逆にたどる過程では, 一巡したときに熱を仕事に変えることはできないことになる.

このエンジンを有効に働かせるためには, 高温で得た熱の一部を低温で捨てて, 残りを仕事に変える以外に方法はなさそうである. つまりエンジン中の理想気体が, 高温側では熱エネルギーを可逆的に受け取り, また低温側でも可逆的に熱を放出する. この過程で気体は膨張また収縮して, 外界に仕事をしたりされることになるが, これだけでは高温と低温を可逆的に連結することができない. 温度が変化する過程を組み合わせることにより, この問題を克服する. つまり, 高温から低温への移行を可逆的な断熱膨張により行い, 低温から高温へは断熱圧縮により到達する. これはカルノーサイクルとよばれる (図 3.6). この一連の過程を n モルの理想気体を用いた高温側 T_h (図 3.6 では T_1) と低温側 T_l (T_3) で働くエンジンについて, 個々のプロセスでの仕事と熱の計算をすることにより, その効率を求めよう. これは, 2 つの異なった順序により最終的に同じ状態に達した図 3.2 において, 代わりに右回りに等温膨張 → 断熱膨張 → 等温収縮 → 断熱収縮により最初の状態に戻ることである.

(1) 等温膨張：温度 T_h, 体積 V_1 から V_2

$$w_1 = -\int_{V_1}^{V_2} p\, dV = -\int_{V_1}^{V_2} \frac{nRT_h}{V} dV = -nRT_h \ln \frac{V_2}{V_1} \tag{3.50}$$

$$q_1 = -w_1 = nRT_\mathrm{h} \ln \frac{V_1}{V_2} \tag{3.51}$$

(2) 断熱膨張：温度 T_h から T_l，体積 V_2 から V_3

$$w_2 = -\int_{T_\mathrm{h}}^{T_\mathrm{l}} dU = C_V(T_\mathrm{h} - T_\mathrm{l}) \tag{3.52}$$

$$q_2 = 0 \tag{3.53}$$

(3) 等温収縮：温度 T_l，体積 V_3 から V_4

$$w_3 = -\int_{V_3}^{V_4} pdV = -\int_{V_3}^{V_4} \frac{nRT_\mathrm{l}}{V} dV = -nRT_\mathrm{l} \ln \frac{V_4}{V_3} \tag{3.54}$$

$$q_3 = -w_3 = nRT_\mathrm{l} \ln \frac{V_4}{V_3} \tag{3.55}$$

(4) 断熱収縮：温度 T_l から T_h，体積 V_4 から V_1

$$w_4 = -\int_{T_\mathrm{l}}^{T_\mathrm{h}} dU = C_V(T_\mathrm{l} - T_\mathrm{h}) \tag{3.56}$$

$$q_4 = 0 \tag{3.57}$$

これらの 4 過程を経れば，最初の状態に戻ることができる．この 1 サイクルにおいて，系が外界から得た熱は (1) の等温膨張における q_1 だけである．(3) の等温収縮では熱の一部を外界に放出する．1 サイクルの仕事の和と q_1 の比が熱機関の効率 η を表す．

$$\begin{aligned}
\eta &= \frac{-(w_1 + w_2 + w_3 + w_4)}{q_1} \\
&= \frac{C_V T_\mathrm{h} \ln \frac{T_\mathrm{h}}{T_\mathrm{l}} - C_V T_\mathrm{l} \ln \frac{T_\mathrm{h}}{T_\mathrm{l}}}{C_V T_\mathrm{h} \ln \frac{T_\mathrm{h}}{T_\mathrm{l}}} \\
&= \frac{T_\mathrm{h} - T_\mathrm{l}}{T_\mathrm{h}}
\end{aligned} \tag{3.58}$$

ここで，断熱過程における温度と体積の関係を用いた．エンジンが熱を放出する低温側は外界の温度とするのが自然なので，熱を供給するほうはできるだけ温度が高いほうが効率がよい．

以上のことは，熱力学第一法則と第二法則を用いて，より簡単に説明できる．高温側で系は q_h の熱を得て，低温で $-q_l$ の熱を外界に放出する．系は外界に $-w$ の仕事をすると，効率は

$$\eta = \frac{-w}{q_h} \tag{3.59}$$

と表される．エネルギーは状態関数であるので，エンジンが1サイクル後には，最初の値と等しくならなければならない．エントロピーも同様である．つまり

$$\Delta U = 0 = q_h + q_l + w \tag{3.60}$$

また

$$\Delta S = 0 = \frac{q_h}{T_h} + \frac{q_l}{T_l} \tag{3.61}$$

であるので，再び

$$\eta = \frac{-w}{q_h} = \frac{q_h + q_l}{q_h} = 1 - \frac{T_l}{T_h} = \frac{T_h - T_l}{T_h} \tag{3.62}$$

を得る．もちろん，ここでの過程はすべて可逆的である．

第4章
自由エネルギー（熱力学ポテンシャル）

　エネルギーやエントロピーを用いて，系に課された温度や圧力が一定といった種々の条件下での，変化の方向を規定する熱力学ポテンシャルを導入する．これにより，孤立系だけでなく外界と熱エネルギーを交換できる系などを記述するための，適切な熱力学量を指定することができるようになる．さらに，系が安定（平衡）にあるかどうかの判定についても，簡単な説明をする．

4.1 熱力学ポテンシャルと変化の方向

　熱力学第二法則の $TdS \geq d'q$ から出発して，仕事が機械的な $d'w = -pdV$ である場合は，第一法則の一表現である $d'q = dU + pdV$ により

$$TdS \geq dU + pdV \tag{4.1}$$

が成り立つ（p は p_{ext} と記すべきであるが，表記を簡単にするために p を使用する）．これは，U と V が一定ならば，S は増加することを意味している．また，等号は可逆過程（平衡）で成り立ち（$TdS = dU + pdV$），このとき，S は U と V の関数として表すのが自然であることを示している．この等号が成立する場合には，

$$\left(\frac{\partial S}{\partial U}\right)_V = \frac{1}{T} \text{ および } \left(\frac{\partial S}{\partial V}\right)_T = \frac{p}{T} \tag{4.2}$$

となる．

　上記不等式の各項を入れ替えれば

$$dU \leq TdS - pdV \tag{4.3}$$

を得る．この不等式は，内部エネルギーは S と V が一定の下では，$dU \leq 0$ であって，可能な変化は内部エネルギーが減少する方向であることを意味している．このように，ある条件の下で状態を記述して，また変化の方向を示す（示量性の）状態量を熱力学ポテンシャルという．この場合には，エントロ

ピーと体積を変数とするときの熱力学ポテンシャルは内部エネルギーである．また，等号が成立するときには，

$$\left(\frac{\partial U}{\partial S}\right)_V = T \quad \text{および} \quad \left(\frac{\partial U}{\partial V}\right)_S = -p \tag{4.4}$$

となる．

　実験では独立変数は制御可能な量であることが便利なので，体積はともかくエントロピーを独立変数に選ぶことは望ましいことではない．そこで，独立変数の変換を行う．独立変数の変換はルジャンドル (Legendre) 変換と呼ばれる数学的手続きによりなされる（補遺第 C 章参照）．その結果，まず $A = U - TS$（ヘルムホルツ自由エネルギー）なる新しい熱力学量ポテンシャルが出現する．その性質は $U = A + TS$ のため

$$TdS \geq dU + pdV = dA + TdS + SdT + pdV \tag{4.5}$$

$$dA \leq -pdV - SdT \tag{4.6}$$

であって，体積と温度が一定の場合には，A は平衡に向かって減少する．等号が成立する場合には

$$\left(\frac{\partial A}{\partial V}\right)_T = -p \quad \text{および} \quad \left(\frac{\partial A}{\partial T}\right)_V = -S \tag{4.7}$$

となり，独立な変数を T と V にとれば都合がよいことがわかる．また，機械的に限らずより一般的仕事 $d'w$ では，$TdS \geq d'q$ および $d'q = dU - d'w$ より

$$0 \geq dA + SdT - d'w \tag{4.8}$$

なので，一定温度下では

$$d'w \geq dA \tag{4.9}$$

である．このことから，$(-dA)$ は系が一定温度下で自発的変化 ($dA < 0$) の過程で，外界に対してなす仕事 $(-d'w)$ の最大値であることがわかる．

　このような方法をさらに適用して，体積に代わって圧力を独立変数にする場合の熱力学ポテンシャルは，

$$G = A + pV = U + pV - TS \tag{4.10}$$

である．この G（ギブス (Gibbs) 自由エネルギー）からは，

4.1 熱力学ポテンシャルと変化の方向

$$TdS \geq dU + pdV = dG + TdS + SdT - Vdp \tag{4.11}$$

$$dG \leq Vdp - SdT \tag{4.12}$$

が導かれ，圧力と温度が一定のときに平衡に向かう過程では G は減少する．また，等号成立時には

$$\left(\frac{\partial G}{\partial p}\right)_T = V \text{ および } \left(\frac{\partial G}{\partial T}\right)_p = -S \tag{4.13}$$

が成り立ち，ここでは独立な変数は T と p である．一般の仕事 $d'w = -pdV + d'\xi$ において，$d'\xi$ を機械的以外仕事（これには電池における電気的な仕事などが考えられる）とすれば，

$$0 \geq dG + SdT - Vdp - d'\xi \tag{4.14}$$

となる．一定の温度と圧力のもとでは

$$d'\xi \geq dG \tag{4.15}$$

なので，系が外界になしうる機械的な仕事を除いた最大仕事は $(-dG)$ である．

エンタルピー $H = U + pV$ に対しても，同じような方法により，

$$dH \leq Vdp + TdS \tag{4.16}$$

が得られる．また，平衡では S と p を独立な変数と定めることができる．これらをまとめると，表 4.1 のような熱力学ポテンシャルと独立変数の関係になる．以上では，物質の出入りはない場合の可逆過程における熱力学ポテンシャルとその独立な熱力学変数について示したが，1 成分系の場合の物質量 n が変化する場合についても表 4.1 に載せておく．化学ポテンシャル μ については，4.5 節で説明する．

ここで導入した熱力学ポテンシャルは変化の経路によらない状態関数なので，その交差微分は等しい．たとえば G に対する微分では，

$$\left(\frac{\partial^2 G}{\partial T \partial p}\right) = \left(\frac{\partial V}{\partial T}\right)_p = \left(\frac{\partial^2 G}{\partial p \partial T}\right) = -\left(\frac{\partial S}{\partial p}\right)_T \tag{4.17}$$

表 4.1 1成分系の熱力学ポテンシャルとマクスウェルの関係式

熱力学ポテンシャル	全微分	マクスウェルの関係
U（内部エネルギー）	$dU = TdS - pdV + \mu dn$	$\left(\frac{\partial T}{\partial V}\right)_S = -\left(\frac{\partial p}{\partial S}\right)_V$
H（エンタルピー）	$dH = TdS + Vdp + \mu dn$	$\left(\frac{\partial T}{\partial p}\right)_S = \left(\frac{\partial V}{\partial S}\right)_p$
A（ヘルムホルツ自由エネルギー）	$dA = -SdT - pdV + \mu dn$	$\left(\frac{\partial p}{\partial T}\right)_V = \left(\frac{\partial S}{\partial V}\right)_T$
G（ギブス自由エネルギー）	$dG = -SdT + Vdp + \mu dn$	$\left(\frac{\partial V}{\partial T}\right)_p = -\left(\frac{\partial S}{\partial p}\right)_T$

化学ポテンシャル μ が関与するものについては省略するが，ここで取り上げた例と同じような方法により導くことができる．

のような関係が得られ，これは（直感的に把握しにくく，また実験的にも測定困難な）エントロピーの圧力依存性を状態方程式から求める手段を与える．これらはマクスウェルの関係式と呼ばれ，しばしば有用であり表 4.1 に載せておく（憶える必要はなく，必要に応じて導出できればよい）．

4.2 体積変化以外の機械的仕事

機械的仕事がゴムや針金のように張力 τ と長さ l で表される場合には $d'w = \tau dl$ なので，可逆過程では

$$TdS = dU - \tau dl \tag{4.18}$$

である．独立な熱力学変数を (T, τ) にしたときに，対応する熱力学ポテンシャル Φ を

$$\Phi = U - TS - \tau l \tag{4.19}$$

とするのが便利であり，そのとき

$$d\Phi = -ld\tau - SdT \tag{4.20}$$

である．これから得られるマクスウェルの関係式から

$$\begin{aligned} TdS &= T\left(\frac{\partial S}{\partial T}\right)_\tau dT + T\left(\frac{\partial S}{\partial \tau}\right)_T d\tau \\ &= C_\tau dT + T\left(\frac{\partial l}{\partial T}\right)_\tau d\tau \end{aligned} \tag{4.21}$$

が導かれる．断熱可逆過程では $dS = 0$ であるから

$$dT = -\frac{T}{C_\tau}\left(\frac{\partial l}{\partial T}\right)_\tau d\tau \tag{4.22}$$

となる．ゴムの場合には張力の増加に対してエントロピーが減少すること，すなわち $\left(\frac{\partial l}{\partial T}\right)_\tau = \left(\frac{\partial S}{\partial \tau}\right)_T < 0$ であることが知られている．そのため，張力を増すと温度が上昇する．

4.3 定積熱容量と定圧熱容量の関係

定積と定圧熱容量はそれぞれ

$$C_V = T\left(\frac{\partial S}{\partial T}\right)_V \tag{4.23}$$

および

$$C_p = T\left(\frac{\partial S}{\partial T}\right)_p \tag{4.24}$$

であって，S を T と V の関数とみなせば

$$dS = \left(\frac{\partial S}{\partial T}\right)_V dT + \left(\frac{\partial S}{\partial V}\right)_T dV \tag{4.25}$$

のように表される（補遺第 C 章参照）．p 一定の条件下で T による微分は

$$\left(\frac{\partial S}{\partial T}\right)_p = \left(\frac{\partial S}{\partial T}\right)_V + \left(\frac{\partial S}{\partial V}\right)_T \left(\frac{\partial V}{\partial T}\right)_p \tag{4.26}$$

なので，ヘルムホルツの自由エネルギーについて得られるマクスウェルの関係

$$\left(\frac{\partial S}{\partial V}\right)_T = \left(\frac{\partial p}{\partial T}\right)_V \tag{4.27}$$

を用いると，定圧熱容量は

$$\begin{aligned}
C_p &= C_V + T\left(\frac{\partial p}{\partial T}\right)_V \left(\frac{\partial V}{\partial T}\right)_p \\
&= C_V - T\left(\frac{\partial p}{\partial V}\right)_T \left(\frac{\partial V}{\partial T}\right)_p^2 \\
&= C_V + TV\frac{\alpha_T^2}{\kappa_T}
\end{aligned} \tag{4.28}$$

のように，C_V と状態方程式から導かれる項との和となる．ここで α_T は

$$\alpha_T = \left(\frac{\partial \ln V}{\partial T}\right)_p \tag{4.29}$$

のように定義される熱膨張率であり，また

$$\kappa_T = -\left(\frac{\partial \ln V}{\partial p}\right)_T \tag{4.30}$$

は，等温圧縮率とよばれ，4.6 節で説明するが安定な系では正である．このため，一般に定圧熱容量は定積熱容量よりも大きい．ここで，

$$\left(\frac{\partial p}{\partial T}\right)_V = -\left(\frac{\partial V}{\partial T}\right)_p \left(\frac{\partial p}{\partial V}\right)_T \tag{4.31}$$

に注意せよ（補遺第 C 章）．

4.4 理想気体の内部エネルギーとエントロピー

理想気体の内部エネルギーは温度だけの関数であり，$\left(\frac{\partial U}{\partial V}\right)_T = 0$ が成り立つこと，つまり体積には依存しないであることを，証明なしで使ってきた．このことを，マクスウェルの関係を用いて証明する．内部エネルギーについて

$$dU = TdS - pdV \tag{4.32}$$

より

$$\left(\frac{\partial U}{\partial V}\right)_T = \left[T\left(\frac{\partial S}{\partial V}\right)_T - p\right] = \left[T\left(\frac{\partial p}{\partial T}\right)_V - p\right] \tag{4.33}$$

である．この右辺は理想気体の状態方程式では

$$\left[T\left(\frac{\partial p}{\partial T}\right)_V - p\right] = T\frac{nR}{V} - p = 0 \tag{4.34}$$

となり，後に第 II 部で示す理想気体のミクロなモデルを用いずとも，$\left(\frac{\partial U}{\partial V}\right)_T = 0$ を導くことができる．

理想気体では，内部エネルギーや（ここでは一定圧力下での）エントロピーは，基準状態からの差として，以下のように計算できる．

$$U(T) = U(T_0) + \int_{T_0}^{T} C_V dT \tag{4.35}$$

$$S(T,p) = S(T_0,p) + \int_{T_0}^{T} \frac{C_p}{T} dT \tag{4.36}$$

内部自由度のない理想気体では $C_p = \frac{5nR}{2}$ なので，内部エネルギーは T_0 を基準として

$$U(T) = U(T_0) + \frac{3nR(T - T_0)}{2} \tag{4.37}$$

および

$$S(T,p) = S(T_0,p) + \frac{5nR}{2} \ln \frac{T}{T_0} \tag{4.38}$$

となる．また，エントロピーの圧力依存性は p_0 からの差として

$$S(T,p) = S(T,p_0) + \int_{p_0}^{p} \left(\frac{\partial S}{\partial p}\right) dp = S(T,p_0) - \int_{p_0}^{p} \frac{\partial V}{\partial T} dp \tag{4.39}$$
$$= S(T,p_0) - nR \int_{p_0}^{p} \frac{dp}{p} = S(T,p_0) - nR \ln \frac{p}{p_0}$$

となる．理想気体の内部エネルギーとエントロピーは，その定義から温度や圧力の関数として計算することができた．これらを組み合わせて，理想気体のギブス自由エネルギーを得ることができる．また，以下のように直接的に導くこともできる．

$$G(T,p) = G(T,p_0) + \int_{p_0}^{p} \left(\frac{\partial G}{\partial p}\right) dp = G(T,p_0) + \int_{p_0}^{p} V dp \tag{4.40}$$
$$= G(T,p_0) + nRT \int_{p_0}^{p} \frac{dp}{p} = G(T,p_0) + nRT \ln \frac{p}{p_0}.$$

4.5　再び示強変数と示量変数について

ここで，オイラー (Euler) の同次式について簡単に触れておく．簡単のために 2 変数関数 $\varphi(x,y)$ に対して $\varphi(\lambda x, \lambda y) = \lambda^m \varphi(x,y)$ が成立するとき（m 次の同次式）λ を変数として微分を行うと

$$\frac{d\lambda x}{d\lambda} \frac{\partial \varphi(\lambda x, \lambda y)}{\partial \lambda x} + \frac{d\lambda y}{d\lambda} \frac{\partial \varphi(\lambda x, \lambda y)}{\partial \lambda y} = m\lambda^{m-1} \varphi(x,y) \tag{4.41}$$

であって，$\lambda = 1$ とすれば

$$x \frac{\partial \varphi}{\partial x} + y \frac{\partial \varphi}{\partial y} = m\varphi \tag{4.42}$$

を得る．示量変数では $m=1$，示強変数では $m=0$ である．ここで，独立変数 x, y も示量変数であること，またこの同次式では，すべての独立な示量変数を同時に扱う必要があることに注意せよ．

オイラーの定理を圧力 $p(V, n, T)$ に対して適用すれば，

$$0 = V\left(\frac{\partial p}{\partial V}\right)_{T,n} + n\left(\frac{\partial p}{\partial n}\right)_{T,V} \tag{4.43}$$

が得られ，圧力の体積依存性とモル数依存性は，独立ではないことがわかる．

これまでは物質量の変化である dn を，（表 4.1 を除いて）熱力学ポテンシャルに取り入れていなかった．ここで，物質量の変化を含めた熱力学ポテンシャルへの拡張をする．可逆過程におけるギブス自由エネルギーの変化は

$$dG = Vdp - SdT + \mu dn \tag{4.44}$$

のように与えられる．ここで，導入された $\mu = \left(\frac{\partial G}{\partial n}\right)_{T,p}$ は，化学ポテンシャルとよばれる．一連のルジャンドル変換により dn は影響を受けないので，他の熱力学ポテンシャルに対しては，

$$dA = -pdV - SdT + \mu dn \tag{4.45}$$

などと表される．そのため化学ポテンシャルは

$$\mu = \left(\frac{\partial G}{\partial n}\right)_{T,p} = \left(\frac{\partial A}{\partial n}\right)_{T,V} = \left(\frac{\partial H}{\partial n}\right)_{S,p} = \left(\frac{\partial U}{\partial n}\right)_{S,V} \tag{4.46}$$

のいずれによっても与えられる．

示量変数と示強変数の関係で興味深い例を記しておく．体積の場合と同様に，ギブス自由エネルギーに対しては，化学ポテンシャルは $\mu = \left(\frac{\partial G}{\partial n}\right)_{T,p}$ により定義されるが，1 成分系では $\mu = \left(\frac{\partial G}{\partial n}\right)_{T,p} = \frac{G}{n}$ である．示強変数をすべて固定（ここでは温度と圧力を一定）とすれば，示量変数は G と n のみであり，$dG = \mu dn$ であることから，$G = n\mu$ となることと等価である．

ヘルムホルツ自由エネルギーの示量変数 $dA = -pdV - SdT + \mu dn$ に対しても，同様に示強変数を固定したままで示量変数を増や（積分）していけば（ここでは示量変数は A, V, n）

$$A = -pV + \mu n (= -pV + G) \tag{4.47}$$

4.5 再び示強変数と示量変数について

同様にエンタルピー H では

$$dH = Vdp + TdS + \mu dn \tag{4.48}$$

であって、示量変数は H, S, n なので

$$H = TS + \mu n = TS + G \tag{4.49}$$

となる．また内部エネルギー U に対して

$$dU = -pdV + TdS + \mu dn \tag{4.50}$$

であって、示量変数は U, S, V, n なので

$$U = -pV + TS + \mu n = -pV + TS + G \tag{4.51}$$

となる．一般に、示量変数のみに対して積分を行うと、G と U などの関係（定義）が得られる．

$G = n\mu$ からは、さらに示強変数間の関係が導かれる．両辺の微分により

$$dG = Vdp - SdT + \mu dn = \mu dn + nd\mu \tag{4.52}$$

から

$$nd\mu - Vdp + SdT = 0 \tag{4.53}$$

を得る．このようにして、気体の章で簡単に触れ、また後に相律から導かれる自由度の数以上の示強変数（5.5 節）については、それらの相互の関係が得られる．

体積も同様な制約が生じるが、より直感的に理解しやすい．体積の変化は、温度と圧力およびモル数を独立変数にとれば

$$dV = \left(\frac{\partial V}{\partial T}\right)_{p,n} dT + \left(\frac{\partial V}{\partial p}\right)_{T,n} dp + \left(\frac{\partial V}{\partial n}\right)_{T,p} dn \tag{4.54}$$

と表される．示量変数である n についての積分により

$$V = \left(\frac{\partial V}{\partial n}\right)_{T,p} n = vn \tag{4.55}$$

を得る．ここで n は部分モル体積とよばれる．$v = \left(\frac{\partial V}{\partial n}\right)_{T,p} = \frac{V}{n}$ は n に依存

せず,特に意味のある量とは思えないかもしれないが,多成分系では有用な熱力学量(示強変数)であることが後にわかる(5.5節).V の全微分は

$$dV = vdn + ndv \tag{4.56}$$

であり上の dV との比較から,温度と圧力が一定であれば $dv = 0$ であることがわかる.これは,1成分系での部分モル体積(1モル当たりの体積)は,物質量によらず不変であるという当然のことを示している.

4.6 平衡と熱力学的安定性の条件

内部エネルギーと体積が一定の下ではエントロピーが最大値をとるように変化する.このことを基礎原理にして,その他の実験・測定に適した条件下での熱力学ポテンシャルを導入して,その平衡に向かう過程での変化の方向を導いてきた.ここでは逆に,平衡にある場合の系の安定性について調べる.系が平衡状態にあるときには,エントロピーは既に最大値をとっているので,平衡からの僅かな仮想変化(δq など)に対して,

$$\delta q \geq T\delta S \tag{4.57}$$

が熱力学的な安定性の条件である.機械的な仕事に限ることにすれば,$\delta q = \delta U + p\delta V$ なので

$$\delta U - T\delta S + p\delta V \geq 0 \tag{4.58}$$

が成り立つ.S と V 一定の条件では,平衡からの仮想的な変化(何らかの攪乱)があるときには,必ず U が上昇する.

$$\delta U \geq 0 \tag{4.59}$$

以上の原理をもとに,いくつかの独立な仮想変移の組み合わせに対して,系が安定であるための条件を導く.ここでは,系が2つの部分(相であっても,また単なる分割でもよい)α と β からできていると仮定する.それぞれの部分におけるエントロピーと体積および物質の変化に

$$\delta S_\alpha + \delta S_\beta = 0 \tag{4.60}$$

$$\delta V_\alpha + \delta V_\beta = 0 \tag{4.61}$$

4.6 平衡と熱力学的安定性の条件

$$\delta n_\alpha + \delta n_\beta = 0 \tag{4.62}$$

の条件を課して，全体の内部エネルギーの変化を表す．ここで内部エネルギーの変化 ΔU は，上の独立な変移の 1 次による寄与 δU，2 次の寄与 $\delta^2 U$ など

$$\Delta U = \delta U + \frac{1}{2}\delta^2 U + \ldots \tag{4.63}$$

のように展開される．ここで，安定な平衡では熱力学ポテンシャル（ここでは内部エネルギー）が極大であることから，第 1 項 δU は 0 であること，また第 2 項 $\delta^2 U$ は正であることが必要十分条件である．第 1 項は

$$\begin{aligned}\delta U &= \frac{\partial U}{\partial S_\alpha}\delta S_\alpha + \frac{\partial U}{\partial S_\beta}\delta S_\beta + \frac{\partial U}{\partial V_\alpha}\delta V_\alpha + \frac{\partial U}{\partial V_\beta}\delta V_\beta + \frac{\partial U}{\partial n_\alpha}\delta n_\alpha + \frac{\partial U}{\partial n_\beta}\delta n_\beta \\ &= (T_\alpha - T_\beta)\delta S_\alpha - (p_\alpha - p_\beta)\delta V_\alpha + (\mu_\alpha - \mu_\beta)\delta n_\alpha\end{aligned} \tag{4.64}$$

であるので，独立な δS_α などの仮想変化（正負いずれの値もとる）に対して $\delta U = 0$ であるためには，

$$T_\alpha = T_\beta = T,\ p_\alpha = p_\beta = p, \mu_\alpha = \mu_\beta = \mu \tag{4.65}$$

でなければならない．分割は任意であったので，以上のことは，平衡ではいたるところで温度，圧力，化学ポテンシャルが等しいことを意味する．

変数を温度，体積，モル数に以下のように変換して

$$\begin{aligned}\delta S &= \left(\frac{\partial S}{\partial T}\right)_{V,n}\delta T + \left(\frac{\partial S}{\partial V}\right)_{T,n}\delta V + \left(\frac{\partial S}{\partial n}\right)_{T,V}\delta n \\ &= \frac{C_V}{T}\delta T + \left(\frac{\partial p}{\partial T}\right)_{V,n}\delta V - \left(\frac{\partial \mu}{\partial T}\right)_{V,n}\delta n\end{aligned} \tag{4.66}$$

$$\delta p = \left(\frac{\partial p}{\partial T}\right)_{V,n}\delta T + \left(\frac{\partial p}{\partial V}\right)_{T,n}\delta V + \left(\frac{\partial p}{\partial n}\right)_{T,V}\delta n \tag{4.67}$$

$$\delta \mu = \left(\frac{\partial \mu}{\partial T}\right)_{V,n}\delta T + \left(\frac{\partial \mu}{\partial V}\right)_{T,n}\delta V + \left(\frac{\partial \mu}{\partial n}\right)_{T,V}\delta n \tag{4.68}$$

を得る．これより 2 次の微小量については

$$\delta^2 U = \delta T \delta S - \delta p \delta V + \delta \mu \delta n$$

$$= \delta T \left[\frac{C_V}{T} \delta T + \left(\frac{\partial p}{\partial T}\right)_{V,n} \delta V - \left(\frac{\partial \mu}{\partial T}\right)_{V,n} \delta n \right]$$

$$- \delta V \left[\left(\frac{\partial p}{\partial T}\right)_{V,n} \delta T + \left(\frac{\partial p}{\partial V}\right)_{T,n} \delta V - \frac{V}{n}\left(\frac{\partial p}{\partial V}\right)_{T,n} \delta n \right]$$

$$+ \delta n \left[\left(\frac{\partial \mu}{\partial T}\right)_{V,n} \delta T + \frac{V}{n}\left(\frac{\partial p}{\partial V}\right)_{T,n} \delta V - \frac{V^2}{n^2}\left(\frac{\partial p}{\partial V}\right)_{T,n} \delta n \right]$$

$$= \frac{C_V}{T} \delta T^2 - \left(\frac{\partial p}{\partial V}\right)_{T,n} \delta V^2 - \frac{2V}{n}\left(\frac{\partial p}{\partial n}\right)_{T,V} \delta V \delta n - \frac{V^2}{n^2}\left(\frac{\partial p}{\partial V}\right)_{T,n} \delta n^2$$

$$= \frac{C_V}{T} \delta T^2 - V^2 \left(\frac{\partial p}{\partial V}\right)_{T,n} \left(\frac{\delta V}{V} - \frac{\delta n}{n}\right)^2 \tag{4.69}$$

となり，2 相のそれぞれで安定条件の $\delta^2 U > 0$ が成り立つためには，それぞれにおいて $C_V > 0$ かつ $\kappa_T > 0$ が必要十分な条件となる．いま，1 相で任意の分割を行うことでも，上記の議論は成立するので，安定性の条件は結局定積熱容量と等温圧縮率がともに正であることとなる．定積熱容量との関係から，定圧熱容量もまた安定な系では正である．

以上の誘導において，1 成分系における示強変数の関係である

$$nd\mu + SdT - Vdp = 0 \tag{4.70}$$

より，等温過程では

$$nd\mu = Vdp \tag{4.71}$$

となることから

$$n\left(\frac{\partial \mu}{\partial n}\right)_{T,V} = V\left(\frac{\partial p}{\partial n}\right)_{T,V}, \tag{4.72}$$

および以前に導いた圧力の示量変数依存性

$$n\left(\frac{\partial p}{\partial n}\right)_{T,V} = -V\left(\frac{\partial p}{\partial V}\right)_{T,n} \tag{4.73}$$

を用いた．

第5章

相平衡

　温度と圧力の変化により，物質は固体，液体，気体へと変化する．この変化は，2つの状態の平衡を経て起こる．この章では，その平衡を決める化学ポテンシャルと独立な熱力学量の間の関係について考察する．またこのような平衡では界面が生じるが，その界面の熱力学についても簡単に触れる．

5.1 相と相転移

　物質が平衡状態にあり，密度や組成などが均一な状態にとき，それを相とよび，1成分の場合と多成分の場合がある．1成分では臨界点以下の温度では固体，液体，気体のうちいずれかの形態をとる．これらを固相，液相，気相とよび，これらの間の変化が相転移である．通常の相転移は，固体−液体間のような転移を指して1次相転移といわれる．1成分系では，温度と圧力を独立な変数にすると（物質量を表すモル数は相を決定する熱力学量ではない），任意の (T, p) において3種のうち1種の相のいずれかが出現する（安定である）．ある1つの相はその中で化学的・物理的に均質である．ある相が別の相と平衡にある場合には，境界面により空間的に区別されている．固相では結晶形の違いにより，多数の相が存在する．また最近の研究によれば，1成分無定形凝縮相（液体）でも水やリン，ケイ素など複数の相が認められる物質がある．このほかに，磁気，電気分極，電気伝導性などに由来する相がある．多成分溶液では，たとえばエーテルと水の場合，油相と水相に分離して，互いに濃度の異なる複数の相が共存することがある（相分離）．

　与えられた温度，圧力，また多成分系では組成（相対濃度）において，どの相が安定であるかを示すのが相図である．1成分系での相は固体，液体，気体に限られるが，温度と圧力の平面上で，これらの相のうちどれが実際に（十分時間が経った後の平衡状態において）存在するのかを表している．多成分では，組成に対して相分離を表した温度−組成図なども含む．

　ここでは，1成分系に限定して説明する．図5.1と5.2にはそれぞれ水と二

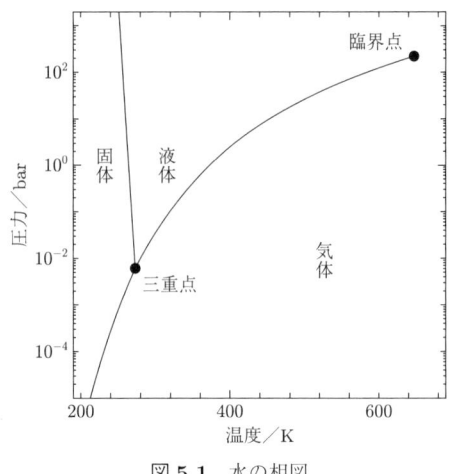

図 5.1　水の相図

各線は相の境界を示す．

酸化炭素の相図を示す．温度 T と圧力 p を指定すれば（図中の任意の点），その温度と圧力下の平衡状態でどの相が出現するかを表している．2 種の相の境界を表す共存線と呼ばれる線が，(T, p) 平面を分割する（相境界）．この境界線上では 2 種の相はどちらも安定に存在（共存）する．たとえば，図 5.1 のように 0°C 1 気圧において氷から水への相転移が起きるが，別の見方をすれば，この条件下では水と氷は同時に存在することができることにもなる．異なる圧力に対しては別の決まった相転移温度があり，この点を結べば共存（相境界）線になる．さらに，3 種の相が同時に存在できる (T, p) 平面上の点のことを三重点とよぶ．三重点以上，臨界点以下の圧力では，温度の上昇とともに，固体，液体，気体の順に 1 次相転移を経て，各相が順次出現する．臨界点以下の温度では，圧力の上昇に従って，気体，液体，固体の順に通常現れるが，水などでは気体，固体，液体となることもある．固体の多形間や固体と無定形相の間の平衡においても，3 種類の相が平衡で同時に存在する温度と圧力が三重点である．

5.2　相平衡と化学ポテンシャル

　系の安定性の議論でも示したように，平衡状態では系内のあらゆる場所で化学ポテンシャルの値は一定である．そのために，相転移温度と圧力においても，2 つの相のそれぞれの物質の化学ポテンシャルは等しい．1 成分系におい

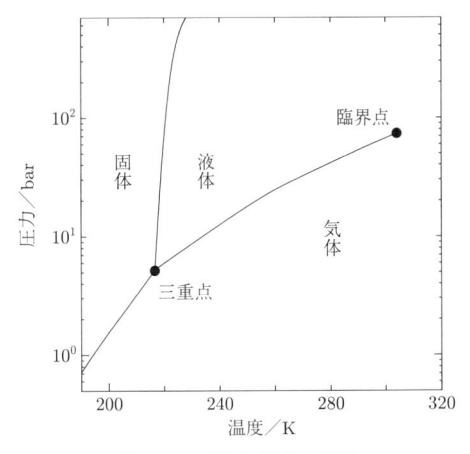

図 5.2 二酸化炭素の相図

て，化学ポテンシャルは温度に対して図 5.3 のような依存性を示す．前節で導いたように，温度と圧力が一定の下の平衡では，必ず化学ポテンシャルの低い相が出現するので，その化学ポテンシャルが交差する温度において相転移が起こる．相転移温度において，化学ポテンシャルは滑らかではないが連続的である．しかし，図 5.3 の 2 つの曲線の傾きは低温側と高温側で異なる．その傾きは負のエントロピーを表していることから，エントロピーは相転移により不連続に変化することがわかる．一般に，化学ポテンシャルの温度や圧力微分である（モル）エントロピーや体積，またエンタルピーは，相転移により不連続に変化する．水が凝固や沸騰したときに，体積が変わることや潜熱を伴うことは，我々が日常経験していることでもある．通常の 1 次相転移の他に，化学ポテンシャルの 2 次以上の微分に不連続や発散がある高次の相転移もある．一般に化学ポテンシャルの m 次の高次微分にはじめて不連続や発散が現れるとき，m 次の相転移と呼ぶ．臨界点は 2 次の相転移点であり，ここでは化学ポテンシャルの 2 次微分である熱容量や等温圧縮率が発散する．また，常磁性と強磁性の変化も 2 次転移である．

1 モル当たりのギブス自由エネルギー（1 成分系では化学ポテンシャル）は温度に対して負の傾きをもち（図 5.3），低温から温度を上げればギブス自由エネルギーは下がる．この曲線（液相）はある温度で，別のギブス自由エネルギー曲線（気相）と交差する．これが，平衡の相転移温度であるが，加熱条件によっては，この転移温度よりも高い温度まで液相にとどまることがあり（過熱液体），液体を冷却したときには凝固点よりも低温まで液体のままでいるこ

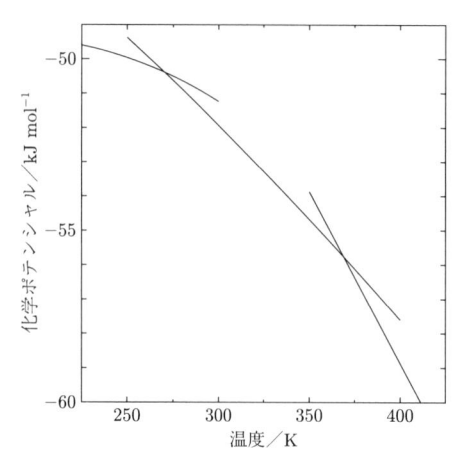

図 5.3 圧力 1bar 下での水の各相の化学ポテンシャルの温度依存性

とがある（過冷却液体）．これらの状態は準安定状態といわれ，何らかの摂動（撹拌や結晶核の添加）により，たとえば過冷却液体では自発的に安定相である固体に変化する．また，この準安定のギブス自由エネルギー曲線は，転移温度を超えて準安定領域のある温度範囲で消失する．これより高温（凝固過程では低温）では，液体は不安定となり（スピノーダル不安定化），この温度でも熱容量や等温圧縮率は発散する．同様なことは圧力・体積に対しても起こる．

ヘルムホルツ自由エネルギーと体積の関係から，安定，準安定，不安定を考察してみよう．図5.4のような一定温度における n モルのヘルムホルツ自由エネルギー A の体積 (V) 依存性がある場合を考える（これは，圧力の体積依存性において極大と極小が現れる場合に相当する）．この図のように，もし共通接線が引ける領域があるなら，その接点となる V_1 より小さな体積，もしくは V_2 よりも大きい体積の相が安定である．この安定，準安定，不安定をもう少し詳しく見ておこう．1 成分系では

$$\mu_2 - \mu_1 = \frac{(A_2 - A_1)}{n} + \frac{p(V_2 - V_1)}{n} \tag{5.1}$$

が成り立ち，共通接線の傾きは

$$-p = \left(\frac{\partial A}{\partial V}\right)_{T,n} = \left(\frac{A_2 - A_1}{V_2 - V_1}\right) \tag{5.2}$$

なので，$\mu_1 - \mu_2 = 0$ が成立する．つまり 1 と 2 の化学ポテンシャルが等し

5.2 相平衡と化学ポテンシャル

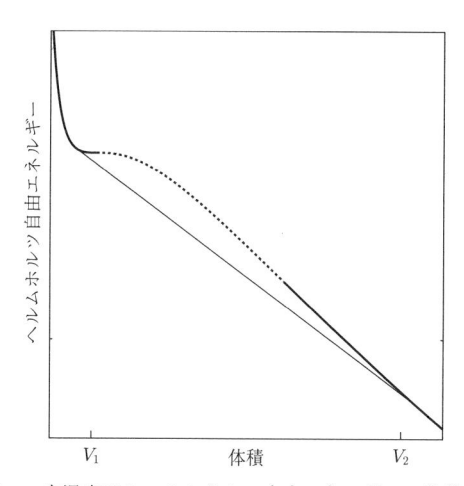

図 5.4 一定温度下のヘルムホルツ自由エネルギーの体積依存性

実線は安定もしくは準安定での，また破線は不安定領域での自由エネルギー．共通接線に対応する気液共存が実際には観測される．

く，平衡であることを意味する（これはマクスウェルの等面積則と密接な関連がある）．一方，この図におけるヘルムホルツ自由エネルギーの傾きは負符号の圧力であり，安定または準安定の条件は等温圧縮率が正であること，つまり $\left(\frac{\partial^2 A}{\partial V^2}\right) = -\left(\frac{\partial p}{\partial V}\right) = V\kappa_T > 0$ である．そのため，安定な領域を除いた，V_1 と V_2 に挟まれた領域の中で，下に凸の部分が準安定である．残りの上に凸の区間では $\left(\frac{\partial^2 A}{\partial V^2}\right) = V\kappa_T < 0$ であるので，この V_1 と V_2 の間の体積をもつ上に凸の領域は不安定であって，実際に観測されることはない．このようにして，不安定と準安定の境界を定めることができる．

固体，液体，気体の相転移については，相転移の温度や圧力が分子間相互作用に大きく依存する．また，剛体球のように斥力のみを有して引力相互作用のない場合にも，固体と無定形相の間の相転移は起こると考えられている．しかし，剛体球系では気体と液体の区別はなく，無定形相としては流体相のみが存在する．

一般の分子は引力と斥力を併せ持ち，いずれも無定形相の液体と気体が区別できる．気体の場合には体積が大きいことによりエントロピーが，液体では凝集力によるエネルギーが，自由エネルギー低下の原因である．温度上昇に伴い，エネルギーが有利な相とエントロピーが有利な相の自由エネルギー（化学ポテンシャル）が等しくなる温度が必ずある．その上下の温度で相が入れ替わ

り，これが気液相転移温度である．一方，剛体球分子では，凝集した高密度状態でもエネルギーが低下することはなく，低密度の状態と自由エネルギーが等しくなる温度は存在しない．したがって，気液相転移のためには分子間に近距離での斥力と遠距離で働く引力が必要である．

5.3 物質のエンタルピーとエントロピー変化（相転移を経る場合を含む）

物質のエンタルピーやエントロピーは，いろいろな平衡や化学反応における熱収支に直接関係する量であり，これらの任意の条件下（たとえば温度）における値が必要とされる．一定圧力下でのエンタルピー変化は

$$\left(\frac{\partial H}{\partial T}\right)_p = C_p \tag{5.3}$$

より

$$H(T_1,p) - H(T_0,p) = \Delta H = \int_{T_0}^{T_1} dH = \int_{T_0}^{T_1} C_p dT \tag{5.4}$$

であるので，任意の温度におけるエンタルピーは基準となる温度 (T_0) におけるエンタルピーと定圧熱容量がわかっていれば計算できる．ここで C_p は，系（注目している物質）の定圧熱容量であり，（一般には物質の種類と量および圧力の他に）温度の関数である．この物質が T_0 から T_1 までに相転移を経る場合には，

$$C_p(T) = C_p'(T) + \sum_i H_i \delta(T - T_i) \tag{5.5}$$

として，通常の熱容量 C_p' と温度 T_i における相転移の潜熱 H_i を考慮する必要がある．ここで $\delta(T - T_i)$ はディラック (Dirac) のデルタ関数である（補遺第 C 章参照）．同様にエントロピーも一定圧力下で

$$S(T_1,p) - S(T_0,p) = \Delta S = \int_{T_0}^{T_1} \frac{dH}{T} = \int_{T_0}^{T_1} \frac{C_p}{T} dT \tag{5.6}$$

のように与えられる．ここで，基準となる温度が $T_0 = 0$ K であって，この温度における完全な結晶のエントロピーは $S(T_0,p) = 0$ であるので（熱力学第三法則，詳細は 12.1 節を参照），エントロピーの場合にはその絶対値を定める

ことができる．上式が意味を持つためには $T \to 0$ において $C_p \propto T^\alpha$ $(\alpha > 0)$ でなければならない．事実金属を除く固体では $C_p \propto T^3$ であることを示すことができる（デバイ (Debye) モデル）．

5.4 相境界（共存線）

2相の共存は相図上の曲線で表され，これが (T, p) 平面上の安定相の境界である．そのために，共存線上では温度と圧力は独立ではない（自由度 $n_f = 1$ という）．つまり，相境界上では p は T の関数であることになる．ここで，この相境界線の傾きについて考察する．ある温度 T と圧力 p において α 相と β 相が平衡状態にあり，また温度が dT，圧力が dp だけ離れた $T + dT$ と $p + dp$ においても，平衡になっている場合を考えよう．もちろん dT と dp は独立ではなく，化学ポテンシャルを通して，その関係は以下のように得られる．α 相と β 相の温度 T と圧力 p における化学ポテンシャルは等しく

$$\mu^\alpha(T, p) = \mu^\beta(T, p) \tag{5.7}$$

が成立する．また，温度 $T + dT$，圧力 $p + dp$ でも

$$\mu^\alpha(T + dT, p + dp) = \mu^\beta(T + dT, p + dp) \tag{5.8}$$

となる．各相での化学ポテンシャルは，高次項を無視すれば，

$$\mu(T + dT, p + dp) = \mu(T, p) + \left(\frac{\partial \mu}{\partial T}\right)_p dT + \left(\frac{\partial \mu}{\partial p}\right)_T dp \tag{5.9}$$

$$= \mu(T, p) + v\,dp - s\,dT \tag{5.10}$$

なので，

$$(s^\alpha - s^\beta)dT = (v^\alpha - v^\beta)dp \tag{5.11}$$

が成立する．したがって，

$$\frac{dp}{dT} = \frac{s^\alpha - s^\beta}{v^\alpha - v^\beta} = \frac{\Delta s}{\Delta v} = \frac{\Delta h}{T \Delta v} = \frac{\Delta H}{T \Delta V} \tag{5.12}$$

が得られ，この式はクラウジウス–クラペイロン (Clausius-Clapeyron) の式と言われる．図 5.2 の二酸化炭素の固液共存線の傾きは他の大部分の物質と同様に正であるが，図 5.1 の水の場合には負である．これは，氷は加圧により融解することを意味し，融解による体積減少の直接的な帰結である．液体と固体で

はどのような物質でも液体のほうが高温相であることと，圧力の印加により体積が減少するル・シャトリエ (Le Chatelier) の原理（詳しくは 15.2 節参照）に注目すれば，この式は理解しやすい．

共存する相の一方が気体であるときに，他方は固体か液体の凝縮相であって，通常その体積は気体よりもはるかに小さい（その比はおよそ 10^{-3}）．相転移にともなうモルエントロピー変化とモルエンタルピー変化 Δh の関係は $\Delta s = \Delta h/T$ で与えられるので，気体の体積を理想気体の状態方程式で近似して，凝縮相の体積を無視すれば，

$$\frac{d\ln p}{dT} \approx \frac{\Delta h}{pTv_\mathrm{g}} \approx \frac{\Delta h}{RT^2} \tag{5.13}$$

が，気体との共存線に関しては近似的に成立する．これを Δh が狭い温度範囲で一定であると仮定して，温度 T_1 と T_2 の範囲で積分を行うと

$$\ln \frac{p_2}{p_1} = -\frac{\Delta h}{R}\left(\frac{1}{T_2} - \frac{1}{T_1}\right) \tag{5.14}$$

のように，異なる温度における蒸気圧比を予測することができる．この式では物質に依存したパラメータは 2 つ（Δh と p_1）であるが，広い温度範囲では実験との一致はさほどよくない．そのために，より多くのパラメータ (A, B, C) を導入した以下のアントアーン (Antoine) 式が用いられることが多い．

$$\ln p = A - \frac{B}{(T + C)} \tag{5.15}$$

5.5 相律

1 成分系の熱力学量の中で，各相の物質量（モル数）を示量変数として，残りをすべて示強変数とすれば，その独立な示強変数は図 5.1 や 5.2 からもわかるように共存する相の数に依存する．温度と圧力をある範囲で任意に選ぶと，それは 3 相のうちのいずれか 1 相が安定な領域となる．つまり，温度と圧力を自由に選べるため，1 相系は自由度の数は $n_f = 2$ である．共存線上では $n_f = 1$ であることを既に説明したが，三重点は物質により固有の温度と圧力をとり，我々は自由にいずれの量も選べないため $n_f = 0$ である．

一般に n_c 成分 n_p 相系でも，各相における示量変数をそれぞれの相の総物質量（全モル数）に選ぶことができる．このような示量変数の選択の下で，独立な示強変数の数はいくつであろうか？ 1 成分の場合と同様に多成分多相における平衡では，温度と圧力はすべての相において等しいため，これら 2 つ

の示強量を変数とすると都合がよい．その他の示強変数として，それぞれの相における各成分の濃度（モル分率）を考えよう．温度と圧力の他に，それぞれの相における各成分のモル分率が指定されれば，化学ポテンシャルが決まり，そのためにすべての性質が決まる．各相の独立なモル分率数は $n_c - 1$ であり，したがって系全体のモル分率の選び方は $n_p(n_c - 1)$ となる．しかし，各相は平衡であり，それぞれの成分の化学ポテンシャルは，すべての相においてその値が等しいため，$(n_p - 1)n_c$ の制約が課される．結局，独立な示強変数の数は，$2 + n_p(n_c - 1)$ から制約数 $(n_p - 1)n_c$ を減じた $2 + n_c - n_p$ となる．これを相律という．別の相律の誘導として，独立な化学ポテンシャルの数は成分数 n_c に等しいことに注目する．しかし，この化学ポテンシャルの変化の仕方に，6.2 節で述べるギブス–デュエム (Gibbs-Duhem) 式により，制約がそれぞれの相に生じる．この制約数 n_p を n_c から減じなければならないため，独立な示強変数の数 $n_f = 2 + n_c - n_p$ となる．

以上のことを 1 成分系でもう一度確認しておく．この条件下では $n_f = 3 - n_p$ であり，2 相（が平衡にある条件下）では我々が決められるのは温度か圧力のいずれかである．よく知られた例として，1 気圧下では水の沸点は 100℃ であり，もちろん圧力が 2 気圧であれば 148℃ と，圧力が決まれば気液平衡の温度は決まってしまう（物質には依存するが）．三重点では，相律から $n_c = 1$（1 成分）かつ相の数は $n_p = 3$ であるので自由度 n_f は $n_f = 2 + n_c - n_p = 0$ となり，この固体，液体，気体が同時に平衡で存在できる温度と圧力を我々が勝手に選ぶことはできない．その温度と圧力は物質により異なり，たとえば水の三重点は 298.16 K，611.73 Pa，また二酸化炭素では 216.6 K，518 kPa である．これらの点は物質に依存する以外には，測定手段には一切無関係であることから，温度や圧力の基準にもなりうる．事実，水の三重点を 298.16 K と定義して，その他の温度は決められている．二酸化炭素の三重点の圧力が大気圧 (101.3 kPa) よりもかなり高いので，大気圧下では固体二酸化炭素（ドライアイス）は，液体を経ずに直接気体の二酸化炭素となる．二酸化炭素の相図 5.2 を参照すれば理解しやすいが，大気圧下で温度を上げていくと，その圧力は三重点の圧力よりも低いので，固気の共存線とのみ交差し，固体から気体への昇華が起きる．液体の二酸化炭素は圧力 518 kPa 以上でのみ出現する．一方，図 5.1 から，水では三重点の圧力は大気圧よりもかなり低く，大気圧では温度の上昇に伴って，固体，液体，気体の 3 種類の相が現れる．

5.6 界面の熱力学

気体と液体の境界は,重力などの別の力が働かなければ,できるだけ面積を減らそうとして,球形をとることが知られている.この界面の面積 $\mathcal{A}$ を増やすためには,表面張力と呼ばれる力に打ち勝って仕事 $\gamma d\mathcal{A}$ をしてやる必要がある.1 成分系において α と β 相が界面 σ で分割されている状態を考えよう.全体の内部エネルギー変化は

$$dU = T_\alpha dS_\alpha + T_\beta dS_\beta + T_\sigma dS_\sigma - p_\alpha dV_\alpha - p_\beta dV_\beta \\ + \gamma d\mathcal{A} + \mu_\alpha dn_\alpha + \mu_\beta dn_\beta + \mu_\sigma dn_\sigma \tag{5.16}$$

と表されるが,平衡では温度と化学ポテンシャルは各相と界面において等しい.また,界面まで各相の巨視的な密度が続いていて,界面で突然密度が不連続に変化すると考えることで $n_\sigma = 0$ とすることができる(1 成分系に限られる).そのために,界面に由来するエネルギーを U_σ とすれば

$$dU_\sigma = T_\sigma dS_\sigma + \gamma d\mathcal{A}. \tag{5.17}$$

したがって

$$\gamma \mathcal{A} = U_\sigma - T_\sigma S_\sigma \tag{5.18}$$

であり,表面張力 (γ) は界面単位面積当たりのヘルムホルツ自由エネルギーであることがわかる.多成分では,1 成分のようにすべての成分に対して,$n_\sigma = 0$ のように界面を決定できないことに注意せよ.

これまでは,界面の形状については特定しなかったが,最も単純な球形の液滴について考えよう.全体の体積が一定 ($\delta V = 0$) である場合に,断熱可逆過程 ($\delta S = 0$) により液滴の半径を r から $r + \delta r$ にするときに,平衡の液滴半径では $\delta U = 0$ なので,

$$\delta U = -4\pi r^2 (p_\alpha - p_\beta)\delta r + 8\pi r\gamma \delta r = 0 \tag{5.19}$$

すなわち $(p_\alpha - p_\beta) = 2\gamma/r$ が得られ,内部(α)の圧力が高いことを意味する(ヤング–ラプラス (Young-Laplace) 式).これを用いて液滴の蒸気圧を計算することができる.平衡にある 2 つの相は $\mu_\alpha = \mu_\beta$ であるので,一定温度下の液滴と蒸気の圧力の関係は $v_\alpha dp_\alpha = v_\beta dp_\beta$ で与えられる.また,気相 β が理想気体であることを仮定してヤング–ラプラス式より

5.6 界面の熱力学

$$dp_\alpha - dp_\beta = \frac{v_\beta - v_\alpha}{v_\alpha} dp_\beta \approx \frac{v_\beta}{v_\alpha} dp_\beta = \frac{RT}{v_\alpha p_\beta} dp_\beta = d(2\gamma/r) \tag{5.20}$$

から

$$\ln \frac{p_\beta}{p_0} = \frac{2\gamma}{rRT} \frac{v_\alpha}{} \tag{5.21}$$

となり，バルク液相の p_0 と比べて蒸気圧は小さな液滴ほど高くなる（ケルビン (Kelvin) 式）．これは，液体に圧力 $\Delta p = 2\gamma/r$ を加えたときの，液体の化学ポテンシャルと蒸気圧の関係からも

$$v_\alpha \frac{2\gamma}{r} = v_\alpha \Delta p = RT \ln \frac{p_\beta}{p_0} \tag{5.22}$$

のように導くことができる．同様なことは，液体中の気泡や微小固体の溶解度にも適用でき，この場合には小さいほど気泡や固体の構成する分子の液体への溶解度が高くなる．

第6章
理相溶液とその性質

　液体では，その状態方程式をはじめとして，その一般的な物性を簡単に記述することは困難である．しかし，2種以上の物質を混合した溶液は，混合前の純粋な液体を基準にして，理想的な混合についての熱力学量を導くことができる．また，この理想溶液からは凝固点降下や浸透圧などの溶液の重要な性質が導かれることを示す．

6.1　濃度の表現

　溶液は2種以上の成分が均一に混合した液体である．溶液における濃度の最も簡単な表現は，既出のモル分率である．それは，各成分のモル数の割合であって

$$x_i = \frac{n_i}{\sum_j n_j} \tag{6.1}$$

のように表される．このモル分率では各成分は対等であり，特に広い範囲の混合を表すためには便利である．それに対して，溶媒と溶質の区別が明確であるとき，すなわち特定の1成分が多く（溶媒），他の成分（溶質）は少量のときには，重量モル濃度 (m) と容量モル濃度 (c) が，都合がよい場合が多い．重量モル濃度は溶媒1000 g中の各溶質のモル数であって，体積とは無関係に質量の測定だけで，溶液を調整できる．一方，容量モル濃度は1000 mLの溶液中の各成分のモル数である．これらの濃度は，溶質について以下のようにモル分率と関係付けられる．

$$x_i = \frac{m_i}{\frac{1000}{M_1} + \sum_{j \geq 2} m_j} \tag{6.2}$$

および

$$x_i = \frac{c_i}{\frac{\left(1000d - \sum_{j \geq 2} c_j M_j\right)}{M_1} + \sum_{j \geq 2} c_j}. \tag{6.3}$$

ここで，1は溶媒，2以上は溶質を表す．また，M_j は j 成分の分子量，d は溶液の密度 (g cm^{-3}) である．

6.2 部分モル量

溶液（多成分液体）では，その示量的な熱力学量は，混合のために純粋な液体の単なる和ではない．たとえば体積は，混合による変化が観測される．その身近な例として，水とエタノールそれぞれ 100 mL の混合溶液はおよそ 196 mL となることが知られている．この混合溶液中での水とエタノールのそれぞれの成分の体積はいくらと考えればよいのだろうか？　それぞれの成分に割り当てるために，様々な定義が可能であろうが，分割の合理的な方法のひとつに，部分モル体積がある．溶液は成分1と2から成り，体積は温度と圧力および各成分の全体のモル数の関数とする．以下の議論は体積に限らず，一般の示量変数に対して成り立つ．体積の変化は

$$\begin{aligned}dV &= \left(\frac{\partial V}{\partial T}\right)_{p,n_1,n_2} dT + \left(\frac{\partial V}{\partial p}\right)_{T,n_1,n_2} dp \\ &+ \left(\frac{\partial V}{\partial n_1}\right)_{T,p,n_2} dn_1 + \left(\frac{\partial V}{\partial n_2}\right)_{T,p,n_1} dn_2 \\ &= \left(\frac{\partial V}{\partial T}\right)_{p,n_1,n_2} dT + \left(\frac{\partial V}{\partial p}\right)_{T,n_1,n_2} dp + v_1 dn_1 + v_2 dn_2\end{aligned} \tag{6.4}$$

と表される．ただし，部分モル体積を

$$v_1 = \left(\frac{\partial V}{\partial n_1}\right)_{T,p,n_2} \tag{6.5}$$

により定義した．ここで，示強変数が一定の条件下で，示量変数に対する積分を行い

$$V = v_1 n_1 + v_2 n_2 \tag{6.6}$$

を得る．このときの V の変化は

6.2 部分モル量

$$dV = v_1 dn_1 + v_2 dn_2 + n_1 dv_1 + n_2 dv_2 \tag{6.7}$$

であるので，上の式との比較から

$$\left(\frac{\partial V}{\partial T}\right)_{p,n_1,n_2} dT + \left(\frac{\partial V}{\partial p}\right)_{T,n_1,n_2} dp + n_1 dv_1 + n_2 dv_2 = 0 \tag{6.8}$$

を得る．これがギブス-デュエム (Gibbs-Duhem) 式であり，混合や相平衡において非常に重要な役割を果たす．特に通常の溶液がつくられる，温度と圧力が一定の条件下における混合では

$$n_1 dv_1 + n_2 dv_2 = 0 \tag{6.9}$$

が成立する．これは，1 と 2 の部分モル体積の変化が独立ではなく，制約があることを意味している．つまり，一方の部分モル体積の変化がわかっていれば，他方は自動的に決まることになる．

示量変数として溶液全体のモル数をとり，示強変数を温度と圧力および濃度（1 のモル分率）とする．同様に体積に対して，

$$\begin{aligned}
dV &= \left(\frac{\partial V}{\partial T}\right)_{p,n,x} dT + \left(\frac{\partial V}{\partial p}\right)_{T,n,x} dp + \left(\frac{\partial V}{\partial x}\right)_{T,p,n} dx + \left(\frac{\partial V}{\partial n}\right)_{T,p,x} dn \\
&= n\left[\left(\frac{\partial v}{\partial T}\right)_{p,x} dT + \left(\frac{\partial v}{\partial p}\right)_{T,x} dp + \left(\frac{\partial v}{\partial x}\right)_{T,p} dx\right] + v\, dn
\end{aligned} \tag{6.10}$$

ただし

$$n = (n_1 + n_2) \tag{6.11}$$

および

$$v = \left(\frac{\partial V}{\partial n}\right)_{T,p,x} = \frac{V}{n} = x v_1 + (1-x) v_2 \tag{6.12}$$

である．T, p 一定での x に対する変化は，(6.9) のギブス-デュエム式より

$$\left(\frac{dv}{dx}\right) = v_1 - v_2 \tag{6.13}$$

である．図 6.1 に表すように，x に対して v をプロットすれば，(x_0, v_0) での

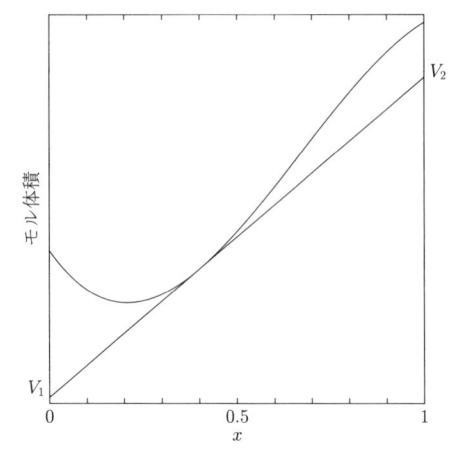

図 6.1 過剰平均モル体積のモル分率 x に対するプロットと $x = 0.4$ における接線と各成分のモル体積

傾きが $v_1 - v_2$ であるので，接線の方程式は

$$y - v_0 = (v_1 - v_2)(x - x_0) \tag{6.14}$$

で与えられる．また，$(x = 0, 1)$ での切片は，それぞれ $y = v_2$ と $y = v_1$ となる．これは，部分モル量を得るための簡単な方法のひとつである．

1成分系の示量変数についてのギブス-デュエム式も示強変数間の関係を与える．たとえば，ギブス自由エネルギーに対して

$$dG = V\,dp - S\,dT + \mu\,dn \tag{6.15}$$

および $G = \mu n$ から

$$V\,dp - S\,dT - n\,d\mu = 0 \tag{6.16}$$

が成立する．この式は，以前に相の安定性の議論のときに既に用いている．

6.3 理想溶液

分子間の相互作用がまったくない質点として壁との衝突だけを考慮した結果，理想気体の状態方程式を導くことができる．液体は凝縮相であり，分子間の引力なくしては液体であることができないために，液体の状態方程式や自由エネルギー，化学ポテンシャルなどを簡単に計算することができない．しかし，液体と平衡にある気体の化学ポテンシャルは，理想気体を仮定すれば容易

6.3 理想溶液

に計算される．この気体と液体の化学ポテンシャルが等しいことを通して，液体のいくつかの熱力学量の関係も得ることができる．さらに，溶媒分子間の引力の下で，異種の分子（同位体を含む）の存在による影響についても一般的に論ずることができる．つまり，溶液の熱力学量において，任意の溶媒中における溶質の影響を，溶質濃度で表すことができる．これは，ビリアル展開の各項が真空を溶媒とみなしたときの，溶質による影響に起因するのと同様である．この最初の項が凝固点降下や浸透圧をもたらす主な原因となる（第 2 項以下は溶媒に囲まれた溶質どうしの相互作用に起因することは，通常の実在気体のビリアル展開と同様である）．

理想溶液の性質を調べるために，まず 2 成分溶液中の成分 1 と成分 2 が温度 T において，それぞれの蒸気（理想気体と近似）と平衡にある場合を考える．溶液中の各成分が平衡にあることから，それぞれの成分の化学ポテンシャルは対応する気相の化学ポテンシャルと等しい．このときの蒸気圧を p_1 と p_2 とすれば，式 (4.40) から化学ポテンシャルは

$$\mu_i^{\text{soln}}(T) = \mu_i^{\text{O}}(T) + RT \ln p_i \tag{6.17}$$

である．ただし，$\mu_i^{\text{O}}(T)$ は温度 T および圧力 $p = 1$（単位圧力）における理想気体の化学ポテンシャルを表す．理想溶液でも化学ポテンシャルの表現は，理想気体の混合によるエントロピー変化に由来する項と同じであると仮定すれば第 3 章の式 (3.47) と同じであると考えられる，すべての混合状態（任意のモル分率 x_i）に対して

$$\mu_i^{\text{soln}}(T) = \mu_i^*(T) + RT \ln x_i \tag{6.18}$$

と表される．ここで $\mu_i^*(T)$ は純液体の化学ポテンシャルであり，p_i^* は成分 i の純液体での蒸気圧である．それぞれの純液体は，圧力 p_i^* の理想気体と平衡にあり，

$$\mu_i^*(T) = \mu_i^{\text{O}}(T) + RT \ln p_i^* \tag{6.19}$$

が成り立つので，

$$\mu_i^{\text{soln}}(T) = \mu_i^{\text{O}}(T) + RT \ln x_i p_i^* \tag{6.20}$$

すなわち

$$p_i = x_i p_i^* \tag{6.21}$$

が成立する（ラウール（Raoult）の法則，理想溶液の定義）．ここで x_i は，溶液中の i 成分のモル分率であることに注意せよ．平衡にある蒸気（理想混合気体）のモル分率 y_i は

$$y_i = \frac{x_i p_i^*}{x_1 p_1^* + x_2 p_2^*} \tag{6.22}$$

で与えられる．

以下，2成分系での理想溶液の性質を化学ポテンシャルから導く．混合の自由エネルギーは

$$\begin{aligned}\Delta G &= (n_1 \mu_1^{\text{soln}} + n_2 \mu_2^{\text{soln}}) - (n_1 \mu_1^* + n_2 \mu_2^*) \\ &= RT(n_1+n_2)(x_1 \ln x_1 + x_2 \ln x_2) < 0 \end{aligned} \tag{6.23}$$

で与えられ，また混合のエンタルピーとエントロピー，さらに体積もそれぞれ

$$\Delta H = \left(\frac{\partial (\Delta G/T)}{\partial (1/T)}\right)_{p,n_1,n_2} = 0 \tag{6.24}$$

$$\Delta S = -\left(\frac{\partial \Delta G}{\partial T}\right)_{p,n_1,n_2} = -R(n_1+n_2)(x_1 \ln x_1 + x_2 \ln x_2) > 0 \tag{6.25}$$

$$\Delta V = -\left(\frac{\partial \Delta G}{\partial p}\right)_{T,n_1,n_2} = 0 \tag{6.26}$$

と計算される．つまり，2種の液体を混合したときには，理想混合では発熱も吸熱もせず，体積の変化もない．また，エントロピー変化は必ず正であり，第3章で説明したように2種の分子のランダムな配置に由来するものである．混合によるギブス自由エネルギー変化は，すべて混合のエントロピーに起因する．

理想気体の場合には，もともと分子間の相互作用がないので，混合の体積やエンタルピー変化はないが，理想溶液では分子間相互作用にほとんど差異のない液体の混合により，このような熱力学量が実現されると考えられる．事実，2種の分子の分子間相互作用が似通った，たとえば実質的に質量のみが異なることにより区別が可能な同位体の混合の場合には，理想溶液となることが

知られている．一般の溶液では，理想溶液からのずれが大きい場合も多数見られる．その結果，たとえば水と油のように2成分が混合せず，相分離を起こすこともある．疎水性物質や電解質の水溶液は，理想溶液からのずれを導入して扱わなければならない．しかし，凝固点降下・沸点上昇や浸透圧などの現象は，理想溶液に基づいて定性的な説明が可能である．

6.4 束一的性質

凝固点降下・沸点上昇や浸透圧などの現象は，溶質の濃度に依存するがその種類にはよらない．これは束一的性質とよばれるが，その起源は理想溶液を仮定したときの，混合によるエントロピーの増大にある．凝固点降下（沸点上昇）は，溶液のエントロピーが混合の際に増大することにより，溶液中の溶媒の化学ポテンシャルが純粋な固体（気体）の化学ポテンシャルと交差する温度が低下（上昇）するために起こる（図5.3における液体の化学ポテンシャルのみが混合により低下する）．この低下（上昇）は，純溶媒の相転移の潜熱には依存するが，溶質については濃度（モル分率）のみによって決まり，個々の溶質の性質には依存しない．また，加圧により混合エントロピーが補償される場合には浸透圧となって現れる．理想混合のエントロピーは溶液の種類によらず，したがって，これらの性質が溶質の濃度だけに依存することは驚くにはあたらない．

以下の節では，特にことわらない限り化学ポテンシャルなどの熱力学量は溶媒のものを指し，また * は純溶媒を意味する．また，溶媒を1, 溶質を2として，溶質のモル分率 $x_2 = x$ は $x = \frac{n_2}{n_1+n_2}$ であるが，溶液は $x \approx \frac{n_2}{n_1}$ としてもよい程度に十分希薄である場合に限ることにする．

純粋な溶媒だけからなる液体の融点 T_m^* では

$$\mu_s^*(T_m^*, p) = \mu_1^*(T_m^*, p) \tag{6.27}$$

が成立する．ここで添字 s, l, g により相を区別し，それぞれ固体，液体，気体を表す．また，希薄溶液の（固溶体をつくらない）溶質（モル分率 $x \approx 0$）に対しても，温度 $T = T_m^* - \Delta T$ ($\Delta T > 0$) において相平衡が成り立つときには

$$\mu_s^*(T_m^* - \Delta T, p) = \mu_1^*(T_m^* - \Delta T, p) + R(T_m^* - \Delta T)\ln(1-x) \tag{6.28}$$

である．希薄溶液のために $\ln(1-x) \approx -x$ として，ΔT と x に対して1次までの展開をとれば，

$$\mu_s(T_m^*, p) + s_s^* \Delta T = \mu_1^*(T_m^*, p) + s_1^* \Delta T - RT_m^* x \tag{6.29}$$

$$s_s^* \Delta T \approx s_1^* \Delta T + RT_m^* x \tag{6.30}$$

のような簡単な溶媒のモルエントロピーと溶質濃度の関係が得られる．ここで純溶媒の融点 T_m^* と2相のモル当たりのエンタルピー差 $\Delta h_m^* = h_1^* - h_s^* (>0)$，およびエントロピー差 $\Delta s_m^* = s_1^* - s_s^* = \frac{\Delta h_m^*}{T_m^*}$ を用いて

$$\Delta T = \frac{RT_m^{*2}}{\Delta h_m^*} x \tag{6.31}$$

を得る．また，慣例的には希薄溶液の質量モル濃度 m との関係で表されるので，x の希薄状態での漸近形である $x = \frac{m}{1000/M_1 + m} \approx \frac{mM_1}{1000}$ により

$$\Delta T = \frac{M_1 RT_m^{*2}}{1000 \Delta h_m^*} m \tag{6.32}$$

を導出することができた．これは，純溶媒の融解の潜熱，融解温度と分子量のみにより表されていて，凝固点降下の定数は溶媒の性質のみに依存する．

沸点上昇もまったく同様に，まず温度純粋な溶媒だけからなる液体の沸点 T_b^* では $\mu_1^*(T_b^*, p) = \mu_g^*(T_b^*, p)$ が成り立つ．不揮発性の溶質に対して，$T = T_b^* + \Delta T$ において相平衡が成り立つときには

$$\mu_g^*(T_b^* + \Delta T, p) = \mu_1^*(T_b^* + \Delta T, p) + R(T_b^* + \Delta T)\ln(1-x) \tag{6.33}$$

であって，凝固点降下と同様の展開から

$$\mu_s^*(T_b^*, p) - s_g^* \Delta T = \mu_1^*(T_b^*, p) - s_1^* \Delta T - RT_b^* x \tag{6.34}$$

$$s_g^* \Delta T \approx s_1^* \Delta T + RT_b^* x \tag{6.35}$$

$$\Delta s_b^* = s_g^* - s_1^* = \frac{\Delta h_b^*}{T_b^*}$$

より

$$\Delta T = \frac{M_1 RT_b^{*2}}{1000 \Delta h_b^*} m \tag{6.36}$$

を得る．

希薄溶液と純溶媒が，溶媒分子だけが透過できる半透膜で隔てられている場合の平衡を考えよう．温度 T において，純溶媒は圧力 p の下で溶液中の溶媒

6.4 束一的性質

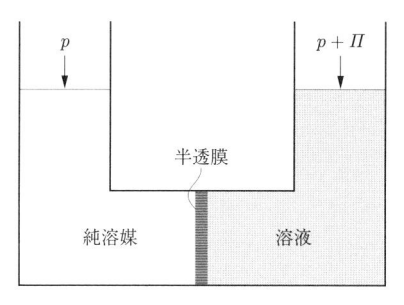

図 6.2 浸透圧 Π

左の純溶媒は右の溶液と溶媒のみを通す半透膜により隔てられている．

と平衡になっている（図 6.2）．この平衡においては純溶媒と溶液の温度のほかに，溶媒の化学ポテンシャルが等しい．半透膜のために溶質の化学ポテンシャルに関しては，関係式を与えることができない（溶質は半透膜を通過できないので，平衡は実現されない）．このとき溶液の圧力は純溶媒の p と等しくなることはなく，それとは異なった $p + \Pi$ であるときに，溶媒は半透膜を挟んで平衡となる．溶媒の平衡がもたらされるための溶液側にかける余分の圧力を浸透圧（Π）と呼ぶ．このときの浸透圧と溶液の濃度の関係を求める．圧力 $p + \Pi$ での溶液中の溶媒の化学ポテンシャルは，純溶媒の化学ポテンシャルを $\mu_1^*(T, p + \Pi)$ を用いて，理想混合を仮定すると

$$\mu_1(T, p + \Pi) = \mu_1^*(T, p + \Pi) + RT \ln(1 - x) \tag{6.37}$$

のように表される．この溶液が圧力 p の純溶媒と平衡であるので

$$\mu_1^*(T, p) = \mu_1^*(T, p + \Pi) + RT \ln(1 - x) \tag{6.38}$$

が成り立つ．この x と Π の 1 次までの展開により，

$$\mu_1^*(T, p) = \mu_1^*(T, p) + v_1^* \Pi - RTx \tag{6.39}$$

を得る．ここで v_1^* は純溶媒のモル体積であり，希薄溶液では $x = \frac{n_2}{n_1 + n_2} \approx \frac{n_2}{n_1}$ また $c = \frac{n_2}{V} \approx \frac{n_2}{n_1 v_1^*}$ であるので

$$\Pi = cRT \tag{6.40}$$

を得る．浸透圧は，溶液での混合による溶媒の化学ポテンシャルの低下が，余分な圧力（浸透圧）による化学ポテンシャルの上昇により相殺され，純溶媒の

化学ポテンシャルの値と等しくなることにより起きる．

問題 6.4.1 式 (6.38) から式 (6.39) を導け．

第7章

非理想溶液と相分離

前章の理想溶液は有用な概念であるが，これからのずれが大きい場合も多い．気体の液体への溶解や電解質水溶液がこの代表的な例である．混合が起こりにくいときには，相分離を起こす場合もあり，1相の場合の温度や圧力変化に対する応答と同様に，相の安定性についても議論する．

7.1 希薄溶液でのヘンリー則

溶液の成分に対して，ここではラウールの法則の場合のような各成分に対して同等の扱いではなく，大量の溶媒1と少量の溶質2として，非対称性を導入する．理想溶液は分子間の相互作用が似通った液体の混合の際に成立するが，溶質の濃度が希薄である場合には，どのような溶媒でもその蒸気圧は $p_1 = x_1 p_1^*$ が成立し，したがって溶媒の化学ポテンシャルは

$$\mu_1^{\text{soln}}(T) = \mu_1^*(T) + RT \ln x_1 \tag{7.1}$$

により表される．これは，溶媒分子の周囲にはほとんど溶媒分子しか存在しない状態では，溶媒の蒸気圧は $p_1 = k_1(1-x_2)$ と書けるときの k_1 が，$x_2 \to 0$ において p_1^* に等しくなければならないことからも理解できる．つまり，溶媒について $x_2 \to 0$ では，ラウール則が成り立つ．

希薄な溶液では，溶媒は同種の分子どうしの相互作用が大部分である．他方，溶質は異種分子である溶媒分子に囲まれている．この希薄溶液の例として，溶媒に気体が少量溶解する場合が挙げられる．このときの気体の溶解度はヘンリー (Henry) 則で表されることが知られている．すなわち溶質となる気体の圧力（分圧）を p_2 とすれば溶解度（モル分率）は $p_2 = k_2 x_2$ で与えられる．このときは溶質の化学ポテンシャルが

$$\mu_2^{\text{soln}}(T) = \mu_2^0(T) + RT \ln k_2 x_2 = \mu_2^{'}(T) + RT \ln x_2 \tag{7.2}$$

と表され，ここで新たな化学ポテンシャルを

$$\mu_2'(T) = \mu_2^0(T) + RT \ln k_2 \tag{7.3}$$

のように定義する．右辺 2 番目の項が $RT \ln k_2$ であることがラウール則との差異をもたらす．ここで，新たな基準 $\mu_2'(T)$ は，純溶質の蒸気圧が圧力 k_2 である場合の仮想的な状態である．この置き換えは，溶質 2 の周囲にはほとんど溶媒分子 1 のみが存在していて，ラウール則が成立する条件とは異なっているためである．つまり，純粋な 2 に対する p_2^* から別の定数に置き換えることにより，異種分子間の相互作用に起因する補正を行っていると考えればよい．水に対する炭化水素や希ガスでは，この異種分子間相互作用のために，化学ポテンシャルの中で $RT \ln k_2$ が大きな正となる．そのため，有限濃度においては，理想混合による $RT \ln x_2$ よりも支配的となり，低い溶解度をもたらす．

希薄な溶液の溶質に対してヘンリー則が成り立つとき，当然溶媒分子の周囲はほとんど溶媒分子であることからも，溶媒に対してはラウール則が成り立つことが予想される．このことは，熱力学のギブス–デュエム式から導かれることを示しておこう．

$$x_1 d\mu_1 + x_2 d\mu_2 = x_1 d\mu_1 + x_2 \frac{RT}{x_2} dx_2 = 0 \tag{7.4}$$

より

$$d\mu_1 = \frac{RT}{x_1} dx_1 \tag{7.5}$$

が得られる．境界条件 $x_1 \to 1$ において $\mu_1 \to \mu_1^*$ であることから

$$\int_{\mu^*}^{\mu} d\mu_1 = \int_1^{x_1} \frac{RT}{x_1} dx_1 \tag{7.6}$$

$$\mu_1^{\text{soln}}(T) - \mu_1^*(T) = RT \ln x_1 \tag{7.7}$$

が得られ，希薄溶液の溶質がヘンリー則に従うときには，溶媒はラウール則に従うことがわかる．ヘンリー則の特殊な場合として $k_2 = p_2^*$ であれば，もちろん理想溶液となる．

7.2　一般の非理想溶液の取り扱い

これまでに理想溶液に基づく溶液の束一的性質を導いた．理想溶液であるためには，混合する 2 種（以上）の液体の性質が似ていることが必要であった．

しかし，一般に溶液の性質は理想溶液からは程遠い場合が多い．理想溶液からのずれを表すために，化学ポテンシャルに対して活量 a_i と活量係数 γ_i を導入する．溶液中の i 成分の化学ポテンシャルは

$$\mu_i^{\text{soln}}(T) = \mu_i^*(T) + RT \ln a_i = \mu_i^*(T) + RT \ln \gamma_i x_i \tag{7.8}$$

のように表され，非理想的な振る舞いはすべて活量係数 γ_i として取り込まれる．もちろん γ_i は温度や圧力だけでなく組成 x_i に依存する．理想溶液では $\gamma_i = 1$ であり，1 からのずれが非理想性の大きさを表す．この活量係数もすべてが独立ではなく，ギブス-デュエム式による制約を受ける．

分子間の相互作用の中で分子の大きさを決める斥力は，文字通り分子の直径程度の距離で働く．この長さを超えると一般には引力が主な相互作用となる．この分子間の引力も，ファンデアワールス力の熱エネルギーと同じ程度（数 kJ/mol），水素結合の数十 kJ/mol からイオン間に働くクーロン力（数百 kJ/mol）まで様々である．分子間相互作用のなかで，特にイオン間の直接のクーロン力は非常に長距離まで働く（ファンデアワールス力や水素結合はその直接の到達距離は 1 nm 以下であるが，イオン間では 100 nm の距離でも数 kJ/mol）．そのために電解質水溶液が理想溶液から大きくずれることは容易に予想される．また，これらの相互作用の組み合わせにより，多様な溶液の性質が生まれる．

7.3 電解質溶液

電解質溶液の理想混合からのずれについて，クーロン相互作用が溶液の性質を支配する主な要因であるとすれば，たとえばナトリウムやカリウムといったイオンの種類にはよらない化学ポテンシャルの表式があると期待される．これに応えたのがデバイ-ヒュッケル (Debye-Hückel) の極限則である．この極限則は分子間相互作用と分布関数の理論からも導けるが，電磁気学でなじみの深いポアソン (Poisson) 方程式（ボルツマンの重みを取り入れて）からも，比較的容易に導出することができる．その結果，電解質の電荷の大きさと濃度だけの関数として，電解質の化学ポテンシャルが与えられる．以下ではこの誘導を行い，実際にはイオン間の有効相互作用は短距離にしか働かないことを示す．

まず，電解質は次のように電離する場合には，陽イオンと陰イオンは独立には存在できないので，その個別の活量係数ではなく，平均の活量係数を定義する（ここでは希薄溶液を扱い，活量は重量モル濃度を基準として定義するた

め，モル分率の場合と数値は異なるが，基本的な考え方は変わらない）．化合物 $C_\nu A_\eta$ は以下のように溶液中では完全に電離しているものと仮定する．

$$C_\nu A_\eta \to \nu C_{Z+} + \eta A_{Z-} \tag{7.9}$$

ただし，電気的中性のため

$$\nu Z_+ + \eta Z_- = 0 \tag{7.10}$$

が常に成り立つ．

電解質である溶質の化学ポテンシャルは $m_+ = \nu m$ と $m_- = \eta m$ を用いて

$$\mu = \mu^0 + RT \ln a = \nu(\mu_+^0 + RT \ln \gamma_+ m_+) + \eta(\mu_-^0 + RT \ln \gamma_- m_-) \tag{7.11}$$

と書けるが，ここで γ_+ や γ_- は単独では測定できず，結局 $a = a_\pm^{\nu+\eta} = (m_+^\nu m_-^\eta)(\gamma_+^\nu \gamma_-^\eta) = m_\pm^{\nu+\eta} \gamma_\pm^{\nu+\eta}$ なる $\gamma_\pm$ が非理想性を表す尺度となる．

この $\gamma_\pm$ が希薄な溶液の極限では，個別のイオン種にはよらないことを以下に示す．電荷 q_i を持つ中心のイオン種 i から距離 r にある j 種のイオン数 $N_{ij}(r)$ はイオン間の相互作用を $w_{ij}(r)$ また平均の数密度を $\rho_j = N_j/V$ として

$$N_{ij}(r) = V \rho_j \exp(-w_{ij}(r)/k_B T) \tag{7.12}$$

と書ける．クーロン相互作用では中心イオン i からの静電ポテンシャルを $\psi_i(r)$ として $w_{ij}(r) = q_j \psi_i(r)$ である．球対称の静電ポテンシャルと電荷密度 $\zeta_i(r)$ の関係はポアソン方程式により，ε を誘電率として

$$\frac{1}{r^2} \frac{d}{dr}\left(r^2 \frac{d\psi_i}{dr}\right) = -\frac{\zeta_i(r)}{\varepsilon} \tag{7.13}$$

のように記述される．この電荷密度 $\zeta_i(r)$ は $\zeta_i(r) = \sum_j q_j N_{ij}(r)/V$ であるが exp の項を展開して

$$\zeta_i(r) = \sum_j q_j N_{ij}(r)/V \approx \sum_j q_j \rho_j (1 - q_j \psi_i)/k_B T = -\sum_j q_j^2 \rho_j \psi_i/k_B T \tag{7.14}$$

を解くと，

$$\psi_i = \frac{q_i \exp(-\kappa r)}{4\pi \varepsilon r} \tag{7.15}$$

を得る.ここで κ は,

$$\kappa^2 = \sum_j \frac{q_j^2 \rho_j}{\varepsilon k_B T} \tag{7.16}$$

により定義される(κ の逆数は長さの次元をもち,イオン間に溶媒や他のイオン種が存在するときの,クーロンポテンシャルの実質的な到達距離である).これによるエネルギー U' は

$$U' = -V \sum_i \rho_i \int_0^\infty 2\pi \sum_j \rho_j q_i \psi_i(r) r^2 \frac{q_i q_j}{4\pi \varepsilon r k_B T} dr \approx -\frac{V k_B T \kappa^3}{8\pi} \tag{7.17}$$

であることから,ギブス–ヘルムホルツ式

$$\frac{\partial (G'/T)}{\partial T} = -\frac{H'}{T^2} \tag{7.18}$$

より

$$A' = -\frac{V k_B T \kappa^3}{12\pi} \tag{7.19}$$

が得られる.したがって,イオンによる化学ポテンシャルは

$$\mu_i^{\text{ex}} = \left(\frac{\partial A'}{\partial n_i}\right) = RT \ln \gamma_i = -\frac{\kappa q_i^2}{8\pi \varepsilon} \tag{7.20}$$

となる.これより前出の平均活量は $\nu Z_+ + \eta Z_- = 0$ から

$$k_B T \ln \gamma_\pm = -\frac{\kappa |Z_+ Z_-|}{8\pi \varepsilon} \tag{7.21}$$

のように表される.これは,電解質の化学ポテンシャルは理想混合よりも低く,また κ の定義から濃度の 1/2 乗に比例することを示している.イオンの濃度が高くなれば,イオンの大きさ(斥力部分)や exp の項の展開時に無視した項による影響も大きく,必ずしも満足な実験との対応は得られないが,低濃度の極限では個別のイオン種によらずに,イオン濃度だけにより表されることは重要である.

問題 7.3.1 イオン間の直接の相互作用が 100 nm に及ぶことを確かめよ.この場合相互作用の大きさが,熱エネルギー $RT(k_B T)$ と同程度であることをいう.

問題 7.3.2 式 (7.15) は式 (7.13) を満たすことを示せ.

7.4 溶液の安定性と相分離

　水と油が混ざらないことは，よく知られていることであるが，この相分離の場合もギブス自由エネルギーが重要な役割を果たす．孤立 1 成分系について，系を任意に分割して温度や密度などの仮想的な変位に対するエネルギー変化が正であることから，その熱力学的安定性の条件を調べた．同様に，等温等圧条件下の 2 成分系については，平衡からの濃度の仮想的変位に対して，ギブス自由エネルギーの変化が正であることが安定の条件となる．つまり，ギブス自由エネルギーの仮想的な濃度変化による展開

$$\Delta G = \delta G + \frac{1}{2}\delta^2 G + \ldots \ldots \tag{7.22}$$

が，平衡では $\delta G = 0$ かつ $\delta^2 G > 0$ により与えられる．1 成分系の場合と同じような議論により，系を α と β に分割すれば，各成分に対して $\delta n_{i\alpha} + \delta n_{i\beta} = 0$ が成立する.

$$\begin{aligned}\delta G &= \frac{\partial G}{\partial n_{1\alpha}}\delta n_{1\alpha} + \frac{\partial G}{\partial n_{1\beta}}\delta n_{1\beta} + \frac{\partial G}{\partial n_{2\alpha}}\delta n_{2\alpha} + \frac{\partial G}{\partial n_{2\beta}}\delta n_{2\beta} \\ &= (\mu_{1\alpha} - \mu_{1\beta})\delta n_{1\alpha} + (\mu_{2\alpha} - \mu_{2\beta})\delta n_{2\alpha} \\ &= 0 \end{aligned} \tag{7.23}$$

であること，および

$$\begin{aligned}\delta^2 G &= (\delta\mu_{1\alpha} - \delta\mu_{1\beta})\delta n_{1\alpha} + (\delta\mu_{2\alpha} - \delta\mu_{2\beta})\delta n_{2\alpha} \\ &= \left(\frac{\partial \mu_{1\alpha}}{\partial n_{1\alpha}}(\delta n_{1\alpha})^2 + \left(\frac{\partial \mu_{2\alpha}}{\partial n_{1\alpha}} + \frac{\partial \mu_{1\alpha}}{\partial n_{2\alpha}}\right)\delta n_{1\alpha}\delta n_{2\alpha} + \frac{\partial \mu_{2\alpha}}{\partial n_{2\alpha}}(\delta n_{2\alpha})^2\right) \\ &\quad +, \ldots\ldots, > 0 \end{aligned} \tag{7.24}$$

が，相が安定であることの必要十分条件である．$\delta G = 0$ からは $\mu_{1\alpha} - \mu_{1\beta} = 0$，$\mu_{2\alpha} - \mu_{2\beta} = 0$ となり，任意の分割に対して（いたる所で）各化学ポテンシャルが等しいことを意味している．また，$\delta^2 G > 0$ において第 1 項が任意の $\delta n_{1\alpha}$ と $\delta n_{2\alpha}$ に対して正であるための条件は $\frac{\partial \mu_{1\alpha}}{\partial n_{1\alpha}} > 0$ または $\frac{\partial \mu_{2\alpha}}{\partial n_{2\alpha}} > 0$ である．なぜならギブス–デュエム式などより

$$\frac{\partial \mu_1}{\partial n_1}n_1 + \frac{\partial \mu_2}{\partial n_1}n_2 = 0 \tag{7.25}$$

7.4 溶液の安定性と相分離

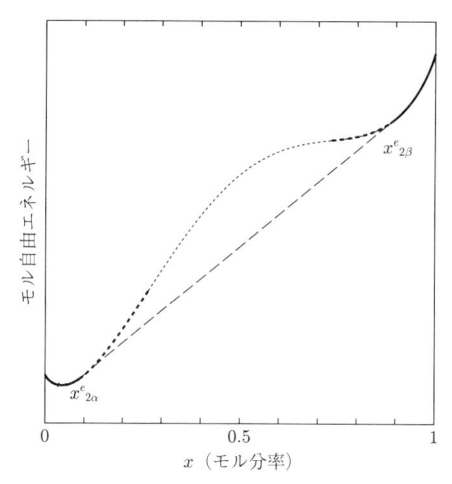

図 7.1 2成分混合溶液のモル当たりのギブス自由エネルギー ($x = 0$ から 1 までの連続曲線)

実線(混合)と共通接線である破線(相分離)が実現される.点線のうち太線は準安定,細線は不安定(上に凸)領域.

$$\frac{\partial \mu_1}{\partial n_2} n_1 + \frac{\partial \mu_2}{\partial n_2} n_2 = 0 \tag{7.26}$$

$$\frac{\partial \mu_1}{\partial n_2} = \frac{\partial \mu_2}{\partial n_1} \tag{7.27}$$

が成立するためである.

また,溶液 1 モル当たりのギブス自由エネルギー g は $g = x_1\mu_1 + x_2\mu_2$ であるので,上記の条件は $\frac{\partial^2 g}{\partial x_1^2} > 0$ または $\frac{\partial \mu_2}{\partial x_1} < 0$ とも表されることに注意せよ.したがって g を x_1 に対してプロットすると,不安定領域では上に凸となる.不安定領域では安定な 2 相に分離する.分離した 2 相(α と β)は,平衡にあるので $\mu_{1\alpha} - \mu_{1\beta} = 0$, $\mu_{2\alpha} - \mu_{2\beta} = 0$ が成り立つ.ある x_2 において $g = (1-x_2)\mu_1 + x_2\mu_2$ の接線の $x_2 = 0$ と $x_2 = 1$ における切片の値は μ_1 と μ_2 であることに注意すれば,図 7.1 のように $x_{2\alpha}^e$ と $x_{2\beta}^e$ において共通接線を持つことは,それぞれの成分の化学ポテンシャルの値が α と β で等しいことを意味し,2 相が平衡にあることになる(相分離).この 2 つの接点と不安定領域の間は準安定領域であり,準安定領域にある組成の状態は観測されることもある.この安定な領域に対する幾何学的解釈をすることができる.図 7.1 の $x_{2\alpha}^e$ と $x_{2\beta}^e$ に間にある任意の組成 x_2 における g は 2 相に $\frac{(x_{2\beta}^e - x_2)}{x_{2\beta}^e - x_{2\alpha}^e}$ と $\frac{(x_2 - x_{2\alpha}^e)}{x_{2\beta}^e - x_{2\alpha}^e}$

の割合で分離した

$$g' = \frac{(x_{2\beta}^e - x_2)\left((1-x_{2\alpha}^e)\mu_{1\alpha}^e + x_{2\alpha}^e\mu_{2\alpha}^e\right) + (x_2 - x_{2\alpha}^e)\left((1-x_{2\beta}^e)\mu_{1\beta}^e + x_{2\beta}^e\mu_{2\beta}^e\right)}{x_{2\beta}^e - x_{2\alpha}^e} \tag{7.28}$$

の方が低く，そのために2相に分かれた方がより安定であることがいえる．

問題 7.4.1 図 7.1 において，それぞれの成分の化学ポテンシャルが，α 相と β 相で等しいことを説明せよ．

第8章
化学反応の平衡と速度

以上では，相の変化を扱ってきたが，ここでは分子種の変化である化学反応の平衡について調べる．相平衡の場合と同様に，化学ポテンシャルが平衡定数を決める重要な量であることを示す．また，化学反応により起電力が生じる電池についても簡単な説明を加える．さらに，平衡的性質ではないがマクロな観点からの化学反応の速度についても，簡単ないくつかの例を挙げて，その基本的な考え方を学ぶ．

8.1 化学反応におけるエネルギー（熱）収支

これまでの熱力学の諸規則は化学反応を伴う場合にも等しく成立する．通常化学反応は一定圧力下（大気圧下）で起こり，このときの反応熱はエンタルピー変化に等しい．次の化学反応におけるエンタルピーをあわせて記載すると

$$C + O_2 \rightarrow CO_2 \quad \Delta H_1 = -393.5 \, \text{kJ mol}^{-1} \tag{8.1}$$

であるが，二酸化炭素が一酸化炭素を経て生成する反応では

$$C + \frac{1}{2}O_2 \rightarrow CO \quad \Delta H_2 = -110.5 \, \text{kJ mol}^{-1} \tag{8.2}$$

$$CO + \frac{1}{2}O_2 \rightarrow CO_2 \quad \Delta H_3 = -283.0 \, \text{kJ mol}^{-1} \tag{8.3}$$

であって，$\Delta H_1 = \Delta H_2 + \Delta H_3$ が成立する．これはヘス (Hess) の法則といわれ，一定温度圧力下においては，反応の生成熱はその経路（途中の物質）にはよらず，生成物と反応物だけに依存することを意味している．

温度と圧力を一定に保った状態における，化学反応の熱収支を計算することを考える．このための便利な方法は，各元素の単体（同素体がある場合には最も安定な同素体）を基準にした，生成物と反応物の1モルの反応熱のデータをつくることである．これらは，単体からの化合物の生成反応であるので，モル生成エンタルピーとよび，Δh_f と表す．どのような化学反応においてもそ

の反応熱は反応物と生成物の生成エンタルピーの差として表されるので，ヘスの法則からあらゆる化学反応の熱収支の計算が可能である．たとえば，物質AとBからCとDが生成する

$$aA + bB \leftrightarrow cC + dD \tag{8.4}$$

のような化学反応では，反応エンタルピー ΔH_r は

$$\Delta H_r = c\Delta h_f(C) + d\Delta h_f(D) - a\Delta h_f(A) - b\Delta h_f(B) \tag{8.5}$$

表 8.1 にいくつかの化合物の 298.15 K，1 bar における Δh_f^0 が載せてある．温度 T_1 が基準となる温度 T_0 と異なる場合には，基準となる温度における反応熱に加えて，温度差によるエンタルピーへの寄与を考慮しなければならない．生成物と単体との熱容量差 $\Delta C_p(T,p)$ から

$$\Delta H_f(T_1, p) = \Delta H_f(T_0, p) + \int_{T_0}^{T_1} \Delta C_p(T, p) dT \tag{8.6}$$

のように計算される．単体のエンタルピーの値そのものを決めることはできないので，エンタルピーは差だけが意味を持つ．また，すべての熱力学的性質は単体からの差だけで十分である．

一方，エントロピーに対しても，それぞれの化合物の計算は基本的に同じような方法により可能である．ただし，完全結晶の $T = 0$ K におけるエントロピーは 0 であるという熱力学第三法則を適用する．そのために，各化合物のエントロピーの値を原理的に決めることができる．表 8.1 に $T = 298.15$ K，$p = 1$ bar における標準モルエントロピー s^0 を記載してある（エンタルピーとは異なり，このエントロピーの値は有限温度では常に正の値をとる）．

8.2　平衡定数とギブス自由エネルギー

化学反応における熱収支の計算法を確認したところで，反応において重要である化学平衡について述べることにする．ここで考える化学反応は，一定温度と圧力下で起きるものとする．前出の物質 A と B から C と D が生成する

$$aA + bB \leftrightarrow cC + dD \tag{8.7}$$

のような化学反応を考える．ここでは，反応に関与するすべての化合物は気体であり，理想気体として表されるものと仮定する．この場合，これまでの

8.2 平衡定数とギブス自由エネルギー

表 8.1 いくつかの化合物の 298.15 K，1bar における標準モル生成エンタルピー h_f^0 (kJ mol^{-1})，標準モルエントロピー s^0 (J mol^{-1} K^{-1})，標準モル生成自由エネルギー μ_f^0 (kJ mol^{-1})

化合物	h_f^0	s^0	μ_f^0
C（グラファイト）	0	5.7	
H_2	0	130.7	
N_2	0	196.1	
O_2	0	205.2	
C（ダイヤモンド）	+1.9	2.4	+2.9
CH_4	−74.6	186.3	−50.5
C_2H_6	−84.0	229.2	−32.0
C_2H_4	+52.4	219.3	+68.4
C_2H_2	+227.4	200.9	+209.9
C_3H_8	−103.8	270.3	−23.4
C_6H_6	+49.1	173.4	+49.8
CH_3OH	−239.2	126.8	−166.6
C_2H_5OH	−277.6	160.7	−174.8
CO	−110.5	197.7	−137.2
CO_2	−393.5	213.8	−394.4
H_2O	−285.8	70.0	−237.1
H_2O_2	−187.8	109.6	−120.4
NH_3	−45.9	192.8	−16.4
NO	+91.3	210.8	+87.6
NO_2	+33.2	240.1	+51.3
N_2O_4	+11.1	304.4	+99.8

相平衡などの場合と同様に，一定温度と圧力下においては，反応はギブス自由エネルギーが最小になる方向に起きる．ここで，最初に A と B が a および b モル存在し C と D とは存在しないものとする．反応の途中の状態において，それぞれの成分は反応進行度とよばれる単一のパラメータ ξ を用いて，$a(1-\xi)$, $b(1-\xi)$, $c\xi$, $d\xi$ のように表すことができる．ただし，ξ ($0 \leq \xi \leq 1$) である．このときのギブス自由エネルギーは

$$G(\xi) = a(1-\xi)\mu_A + b(1-\xi)\mu_B + c\xi\mu_C + d\xi\mu_D \tag{8.8}$$

となる．この化学ポテンシャルは $\mu_A = \mu_A^0 + RT \ln p_A$ などで与えられる．ただし，この反応では温度と圧力の制約のため（それぞれ T と p），圧力に対しては

$$p(\xi) = [a + b + \xi(c+d-a-b)]RT/V(\xi) \tag{8.9}$$

が一定であるように体積が決定されることになる．上記の反応途中（$0 < \xi < 1$）でのそれぞれの分圧を ξ と全圧 p を用いて表すと

$$p_A = \frac{pa(1-\xi)}{a+b+\xi(c+d-a-b)} \tag{8.10}$$

や

$$p_C = \frac{pc\xi}{a+b+\xi(c+d-a-b)} \tag{8.11}$$

のようになる．この一定圧力の条件下では G が ξ に対して最小値をとることが平衡の条件であるので，詳しい計算は読者に委ねるが，結果的には全圧は直接には現れない

$$\frac{\partial G(\xi)}{\partial \xi} = c\mu_C^0 + d\mu_D^0 - (a\mu_A^0 + b\mu_B^0) + RT \ln \frac{p_C^c p_D^d}{p_A^a p_B^b} = 0 \tag{8.12}$$

が平衡条件となる．この反応式で表される生成物と反応物のギブス自由エネルギー差は

$$\Delta G_r^0 = c\mu_C^0 + d\mu_D^0 - (a\mu_A^0 + b\mu_B^0) \tag{8.13}$$

なので，平衡定数 $K_p = \frac{p_C^c p_D^d}{p_A^a p_B^b}$ との間に，$RT \ln K_p = -\Delta G_r^0$ のような簡単な関係が得られる．

この化学ポテンシャル（各化合物単独のモル当たりのギブス自由エネルギー）も，エンタルピーやエントロピーの場合と同じように，単体からの差 $\Delta \mu$ により与えられ，そのために ΔG_r^0 は

$$\Delta G_r^0 = c\Delta\mu_C^0 + d\Delta\mu_D^0 - (a\Delta\mu_A^0 + b\Delta\mu_B^0) \tag{8.14}$$

のように書ける．この値 $\Delta \mu$ の表をもっていれば，いろいろな反応のギブス自由エネルギーを計算することができる．表 8.1 に 298.15 K，1 bar のいくつかの $\Delta \mu_f^0$ を載せてある．この計算において，生成エントロピーは単体との差をとらなければならないことに注意せよ．

8.3 化学平衡の圧力依存性と温度依存性

ここでは，前節での K_p の温度と圧力依存性を調べる．$RT \ln K_p = -\Delta G_r^0$ であるため，平衡定数 $K_p = \frac{p_C^c p_D^d}{p_A^a p_B^b}$ には圧力依存性はない．そのために K_p の中に p_A などを通じて入っている p 依存性は ξ の変化によって打ち消されるはずである．つまり，$\ln \frac{p_C^c p_D^d}{p_A^a p_B^b} = -\frac{\Delta G_r^0}{RT}$ の右辺は圧力の関数でなく，進行度と無

関係であることから，両辺を ξ で微分して，

$$\frac{\partial \xi}{\partial \ln p} = -\frac{[a+b+\xi(c+d-a-b)]\xi(1-\xi)(c+d-a-b)}{(a+b)(c+d)} \tag{8.15}$$

が得られる．この式は，$(c+d-a-b)$ の符号が正であれば（反応により分子数が増加する），圧力の増加により反応は逆方向に進むことを示している．

温度変化に対しては，

$$\ln K_p = -\Delta G_r^0 / RT \tag{8.16}$$

なので

$$\frac{\partial \xi}{\partial T} = \frac{[a+b+\xi(c+d-a-b)]\xi(1-\xi)}{(a+b)(c+d)} \frac{\Delta H_r^0}{RT^2} \tag{8.17}$$

となる．これは，たとえば $\Delta H_r^0 < 0$（発熱反応）であれば，温度上昇に伴い反応は逆行することを意味している（以上，ル・シャトリエの原理）．

問題 8.3.1 式 (8.15) と (8.17) を導け．直接平衡定数の温度依存性からも，同様な結論を得ることができることを示せ．

8.4 分圧以外による平衡定数の表現

分圧を濃度により表すと $c_A = \frac{a(1-\xi)}{V} = \frac{p_A}{RT}$ であるので

$$K_c = \frac{c_C^c c_D^d}{c_A^a c_B^b} = \frac{p_C^c p_D^d}{p_A^a p_B^b}(RT)^{a+b-c-d} = K_p (RT)^{a+b-c-d} \tag{8.18}$$

となり，温度に関係する余分な項が現れることに注意を要する．一方，モル分率による化学平衡も，$x_A = p_A/p$ から，

$$K_x = \frac{x_C^c x_D^d}{x_A^a x_B^b} = \frac{p_C^c p_D^d}{p_A^a p_B^b} p^{c+d-a-b} = K_p p^{c+d-a-b} \tag{8.19}$$

と，やはり p を含む付加的な項が必要である．

8.5 電極反応

以下の電池反応に対して電子 z 個の移動が伴う場合を考えよう．

$$aA + bB \leftrightarrow cC + dD \tag{8.20}$$

反応のギブス自由エネルギーは，活量を用いて（普通は濃度で置き換える）

表 8.2 水溶液中の 298.15 K における標準電極電位 (V)

反応	起電力
$F_2 + 2e^- \leftrightarrow 2F^-$	2.866
$Cl_2 + 2e^- \leftrightarrow 2Cl^-$	1.358
$H_2O_2 + 2H^+ + 2e^- \leftrightarrow 2H_2O$	1.776
$Au^{3+} + 3e^- \leftrightarrow Au$	1.50
$O_2 + 4H^+ + 4e^- \leftrightarrow 2H_2O$	1.229
$Ag^+ + e^- \leftrightarrow Ag$	0.799
$Fe^{3+} + e^- \leftrightarrow Fe^{2+}$	0.771
$Cu^{2+} + 2e^- \leftrightarrow Cu$	0.337
$Sn^{4+} + 4e^- \leftrightarrow Sn^{2+}$	0.151
$2H^+ + 2e^- \leftrightarrow H_2$	0.0
$Fe^{2+} + 2e^- \leftrightarrow Fe$	-0.447
$Zn^{2+} + 2e^- \leftrightarrow Zn$	-0.762
$Al^{3+} + 3e^- \leftrightarrow Al$	-1.662
$Na^+ + e^- \leftrightarrow Na$	-2.714
$Ca^{2+} + 2e^- \leftrightarrow Ca$	-2.866
$Cs^+ + e^- \leftrightarrow Cs$	-2.923
$K^+ + e^- \leftrightarrow K$	-2.925
$Li^+ + e^- \leftrightarrow Li$	-3.045

$$\Delta G_r = \Delta G_r^0 + RT \ln \frac{a_C^c a_D^d}{a_A^a a_B^b} = c\mu_C + d\mu_D - a\mu_A - b\mu_B \tag{8.21}$$

のように表され，この $-\Delta G_r$ が可逆過程の場合には，機械的以外の仕事であることは，以前に確かめた．したがって，このときの電流による仕事 ξ' は電池の起電力 ε を用いた表現では，$\xi' = zF\varepsilon = -\Delta G_r$ である．ここで F はファラデー (Faraday) 定数である．したがって起電力 ε は $zF\varepsilon^0 = -\Delta G_r^0$ を用いて

$$\varepsilon = \varepsilon^0 - \frac{RT}{zF} \ln \frac{a_C^c a_D^d}{a_A^a a_B^b} \tag{8.22}$$

で与えられ，起電力は電池反応が進むにつれて低下する．この電池反応において，電池を構成する物質の組み合わせに対する起電力の情報として持っておくよりも，基準になる物質との電池反応としておくほうが望ましい．つまり

$$A^{Z_a+} + z_a e^- \leftrightarrow A \tag{8.23}$$

などに対する ΔG_A^0 からの ε^0 ($B^{Z_b-} \leftrightarrow B + z_b e^-$ などに対しても) を用いて，任意の電池に対する上記の ε^0 を得ることができる．この電子が現れる半電池は，水素ガスと水素イオンと組み合わせることにより，現実の起電力とも

対応する.このことは,化学反応の反応熱が各化合物の単体からの生成エンタルピーの組み合わせから,計算できることと類似している.いくつかの物質の半電池の起電力(標準電極電位)を表 8.2 に記載してある.

8.6 化学反応の速度と機構

ここまでの熱力学からは,与えられた条件下において安定な状態,すなわち平衡状態は何かを知ることができる.しかし,その平衡状態に至る速度については,何も教えてくれない.典型的な例は,水素と酸素の化学平衡と反応速度であろう.25℃で1気圧において,1モルの水素(気体)と1/2モルの酸素(気体)から水が生成する反応では,$\Delta G_r^0 = \mu_{H_2O}^0 - \mu_{H_2}^0 - \frac{1}{2}\mu_{O_2}^0 = -237.1$ kJ mol^{-1} であるので,平衡は圧倒的に水が生成する方向であることを意味している.しかし,反応は触媒かスパークにより起こるが,水素と酸素を混合しただけでは,大きな平衡定数にもかかわらず水が生成することはない.

化学反応の速度式は,その反応の機構により決まる.たとえば

$$A + B \rightarrow C \tag{8.24}$$

のような反応において,AとBの衝突がC生成のボトルネックである場合には,Cの生成速度はAとBの濃度の積に比例すると考えられる.しかし,一般に上の反応の速度が濃度の積で表されるとは限らない.たとえば,有機化学の初歩で取り上げられる S_{N1} や S_{N2} 反応は,いずれも2分子が関与する反応であるが,その機構は異なりそのために反応速度式も異なる.以下では,反応の機構に応じた反応速度式をいくつか取り上げ,それらを解くことによって反応物と生成物の濃度の時間変化が得られることを示す.

8.7 1次反応と2次反応

AがBに変化する

$$A \rightarrow B \tag{8.25}$$

のような反応の速度は

$$\frac{dc_A}{dt} = -k_1 c_A \tag{8.26}$$

と表される場合が多い.これは,反応速度が c_A の1次に比例するという意味

で，1次反応速度式とよばれる．繰り返しになるが，1分子反応が上記の速度式に従うかどうかは，別の問題である．速度式を決める反応の機構は，実験的な反応の速度から推測するものであるが，一旦速度式を上のように書き下せば

$$\frac{dc_A}{c_A} = -k_1 dt \tag{8.27}$$

は容易に積分され

$$\int_{c_A(0)}^{c_A(t)} \frac{dc_A}{c_A} = -\int_0^t k_1 dt \tag{8.28}$$

から

$$c_A(t) = c_A(0)\exp(-k_1 t) = c_A(0)\left(\frac{1}{2}\right)^{\frac{t}{T}} \tag{8.29}$$

を得る．ここで T は半減期と呼ばれ，k_1 とは

$$T = \frac{\ln 2}{k_1} \tag{8.30}$$

のように関係づけられる．この半減期は放射性同位体の崩壊で馴染みがあるが，よく知られているように，この崩壊は単分子（原子核）反応である．

以下の反応において

$$A + A \to C \tag{8.31}$$

その速度が

$$\frac{dc_A}{dt} = -k_2 c_A^2 \tag{8.32}$$

と書ける場合には，2次反応速度式と呼ばれ1次反応の場合と同様に，これを解いて

$$\frac{1}{c_A(t)} = \frac{1}{c_A(0)} + k_2 t \tag{8.33}$$

となる．図8.1に1次反応と2次反応の反応物の時間変化を示してある．また，同種の2分子反応ではなく異なる2種類の分子の反応

$$A + B \to C \tag{8.34}$$

において，その速度が2次反応である場合には，$c_C(0) = 0$ とすれば，A のモル数濃度 $c_A(t)$ が $c_A(t) = c_A(0) - c_C(t)$ などのように表されるので

8.7 1次反応と2次反応

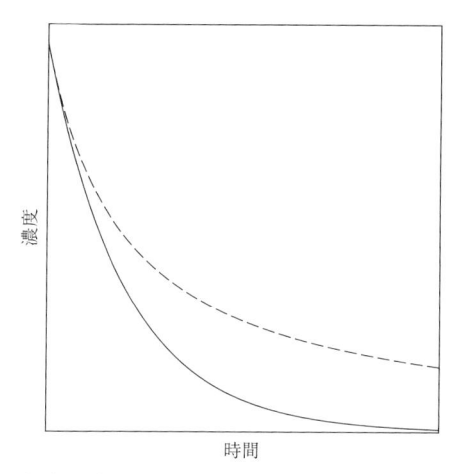

図 8.1 1次（実線）と2次（破線）反応における反応物の時間変化

$$\frac{dc_\mathrm{C}}{dt} = -k_2 c_\mathrm{A}(t)c_\mathrm{B}(t) = -k_2(c_\mathrm{A}(0) - c_\mathrm{C}(t))(c_\mathrm{B}(0) - c_\mathrm{C}(t)) \tag{8.35}$$

となる．これを解くと

$$k_2 t = \frac{1}{c_\mathrm{A}(0) - c_\mathrm{B}(0)} \ln \frac{c_\mathrm{A}(t)c_\mathrm{B}(0)}{c_\mathrm{B}(t)c_\mathrm{A}(0)}. \tag{8.36}$$

もちろん，AとBが同一種であった場合には，前の結果に帰着される．

平衡においては正反応と逆反応が釣り合い，見かけ上反応は進行していないように見える．A ↔ B なる反応の正反応と逆反応の速度定数を k_f と k_b とすれば，平衡では

$$k_f c_\mathrm{A}(\infty) = k_b c_\mathrm{B}(\infty) \tag{8.37}$$

であり，平衡定数は

$$K = \frac{c_\mathrm{B}(\infty)}{c_\mathrm{A}(\infty)} = \frac{k_f}{k_b} \tag{8.38}$$

のように速度定数と関連づけられる．さらに複雑な多分子反応についても同様のことがいえる．

問題 8.7.1 AとBが等しいときに，式 (8.36) と (8.33) が一致することを示せ．

8.8 平衡近傍の緩和速度

化学平衡が達成されたのち，温度などが変化したときに，新しい平衡に向かう（緩和）速度は，比較的簡単な表現になることを示しておく．最も単純な $A \leftrightarrow B$ の反応に対して，摂動前の平衡濃度を c_A^0，また摂動後の新たな平衡との濃度差を $\Delta c_A = c_A - c_A^0$ などにより表せば

$$\frac{dc_B}{dt} = k_f c_A - k_b c_B = k_f(c_A^0 + \Delta c_A) - k_b(c_B^0 + \Delta c_B) \tag{8.39}$$

であるが，

$$k_f c_A^0 - k_b c_B^0 = 0 \text{ および } \Delta c_A + \Delta c_B = 0 \tag{8.40}$$

のため

$$\frac{d\Delta c_B}{dt} = -(k_f + k_b)\Delta c_B \tag{8.41}$$

と表され，平衡に至る緩和は1次の速度式で与えられることがわかる．

2分子反応 $A + B \leftrightarrow C$ についても同様な処方により，平衡へ向かう速度については，1次反応の形で記述できることを確認しておく．摂動後の平衡からの濃度差を同様に $\Delta c_A = c_A - c_A^0$ などとして，$\Delta c_A = \Delta c_B = -\Delta c_C$ より

$$\begin{aligned}
\frac{d\Delta c_C}{dt} &= k_f c_A c_B - k_b c_C \\
&= k_f(c_A^0 + \Delta c_A)(c_B^0 + \Delta c_B) - k_b(c_C^0 + \Delta c_C) \\
&\approx k_f(\Delta c_A c_B^0 + \Delta c_B c_A^0) - k_b \Delta c_C \\
&= -[k_f(c_A^0 + c_B^0) + k_b]\Delta c_C
\end{aligned} \tag{8.42}$$

のように，1次反応式に従う．このような結果は，摂動による平衡からのずれが，小さいとの仮定に基づいている．一般に平衡から小さな摂動による別の平衡への緩和過程は，すべて1次の速度式で近似される．

第 II 部

化学統計力学
ミクロの立場から

ここまでで学んできた熱力学は，物質の集団として浮かび上がってきた少数の変数（圧力や温度というような）によって記述される力学体系であった．それは，個々の物質の個性を乗り越えたところに発生する法則性を対象とする美しい原理的力学である．対象とする集団として，ブラックホールなどを含めて様々なスケールのものを想定しうるが，化学熱力学で考える集団は分子の集団である．この章以降では，分子の間の関係だけではなく，個々の分子の内部自由度も含めた性質が，集団としての変数に反映する基本的な仕組みの話に移る．このようにミクロ（分子の微視的な）性質とマクロ（集団としての巨視的な）性質の関係を論ずる学問を統計力学という．

　19世紀，分子描像も十分には確立されず，熱の効率的利用に関わる実験とそれらの思考実験を重ねて熱力学が成立していった時代と，現代はまったく異なっている．量子論によって，分子像は明確になり，その性質を精度よく計算できるようになってきた．その背景には，もちろん電子計算機の発達がある．現在では，分子動力学シミュレーション法によって，分子の集合体の運動を計算機上で実現させ，微視的な性質と巨視的な性質の関係を明らかにしようとする研究が普遍的になってきている．そこで，第II部では，分子とは何か，そこに蓄積することができるエネルギーとはどのような様態のものであるか，ということを概観し，ミクロとマクロの関係を調べ始める糸口とすることにしたい．

　なお，第II部では，後出する「確率」に小文字の p を使うため，圧力を大文字の P で表すことにする．また，内部エネルギー U については，E と書く．

第9章
分子の運動と内部自由度

9.1 簡単な分子描像

個々の分子は，原子からなるが，個々の原子は電子と原子核から成っている．原子核は，ごく単純にいって陽子と中性子から成っているが，通常の化学現象では，原子核は陽子数（原子番号）に比例する正電荷を持ち，陽子数と中性子数の和（質量数）に比例する質量をもつ点粒子として扱われる．陽子と中性子の質量はほぼ同じで，1個当たり 1.67×10^{-27} kg である．一方，中性の原子では，電子は陽子数と同じだけ存在するが，1個当たりの質量は圧倒的に小さく，0.91×10^{-30} kg 程度である．

この微小な世界を律するのは量子力学である．分子の物性や化学反応を支配しているのは，分子の電子状態とその組換え（状態の遷移）であり，電子の波動性に根差している．一方，原子核はかなり重く，波動性よりも粒子性が主要な働きをすることが少なくない．つまり，古典力学（ニュートン力学）として扱っても十分良い近似になっているということがある．本書でも，分子全体や原子核の運動については，量子論と古典論の間を必要に応じて行き来する．

ただし，統計力学の枠組みで考える量子論的性質としては，分子の波動としての状態（要するに波動関数）を考えることはほとんどなくて，分子に許されるエネルギーの離散性（エネルギー準位）と，同種粒子の間に考えなければならない置換対称性が考慮の対象となることが多い．

個々の分子に適用される基本的な力学がわかっているならば，分子の集団にもそれを多次元版として使えばよいだろうと思うかもしれないが，残念ながらそう単純にはいかない．単に計算が大規模になるというだけではない．分子の集団から構成される世界（我々生命体も，マイルドな環境下にある地球上のほとんどの物体が含まれる）には，広く認識されているように，階層性が発生する．階層性は，ものの大きさや，時間の速さ，機能などにおいて様々な形で現れる．また，集団には集団の論理が発生するから（その一部がまさに熱力学と

して体系化されているわけだが），個々の運動を追跡するだけでは木を見て森を見ないことになりかねない．そういうわけで，個と集団の関係は現代科学の中心的なテーマである．

本書では，読者を，「木の1本1本（分子）と森林（熱力学）の関係」を学び始めるための最初の第一歩をなるべく簡明に始めていただくことを目標としている．

以下では，大学初年次レベルでの分子の量子力学の結果を部分的に使う．この章では，「分子とは何か」ということを，簡潔に説明するが，より詳しくは，『化学結合論入門——量子論の基礎から学ぶ』（高塚和夫，東京大学出版会，2007）を参考にしていただきたい．

9.2　簡単な分子描像とエネルギー

■エネルギーについて　分子について議論を進めよう．熱力学でも，エネルギーは極めて重要な役割を果たす．物質内のエネルギーの移動やダイナミックな流れが，その状態と変化を支配するからである．エネルギーが物体内でどのように分布するか，それは何によって決められているか，が最初の焦点になる．エネルギー保存則は，そのような分布の中で，「考えなくてもよい状態」，「実現不可能な状態」を除外するうえでも役に立つ．

分子レベルのエネルギーと集団的エネルギー（巨視的エネルギー）には，それ自身が持つエネルギー（内部エネルギー）のほかに，「場」や「環境」とやり取りするエネルギーがある．特に，輻射のエネルギー（電磁場からのエネルギーの出し入れ）は重要である．外部とエネルギーや物質のやり取りを行わない独立した理想系を「保存系」といい，一方，そのようなやり取りを行うシステムを「開放系」とか「散逸系」とよぶ．化学熱力学では，分子とその集合体の内部エネルギーを主題とする．

■状態数　次に考えなければならないのは，物質内でエネルギーを受け入れる（溜め込む）入れ物としての，状態の数である．分子とその集団が持つ状態（引出し）は，併進，回転，振動，電子状態など，以下に述べるように，何種類もある．分子の個性まで考慮すると，無限に存在するといってもよい．それぞれの引出しの高さや大きさは，それぞれで異なっており，引出しにエネルギーを収納したり取り出したりする「速さ」も皆個性を持って異なっている．

分子と分子の集合体について，エネルギーの出入りや状態の時間変化を考え

る学問を「化学動力学」という．「時間変化」がキーワードである．

しかしながら，本書では，物質状態の時間変化を追跡することはとりあえずさておいて，時間を十分長く（単純に無限に）経過した後に実現される状態だけを問題にする．このような状態を「平衡状態」とよぶ．平衡熱力学とは，そのような状況の下の熱力学のことである．

すると，我々がまずすることは，与えられたエネルギーが引出しの高さや大きさによってどのように配分されるか（エネルギー原理）ということと，同じエネルギーを持つ場合でも，引出しの数によって物質の性質にどのような一般的状況が考えられるか（エントロピー原理）ということ，の2点に絞られる．

9.3 分子の運動

分子は上に述べたように，原子核と電子がクーロン力の働きだけで存在しているものとする．相対論的な効果などの高次の効果は考えない．この状況の下で，以下のようにして，分子の運動を段階的に考える．

9.3.1 重心運動の分離

まず，分子の重心の運動と内部運動の分離を行う．重心の運動を併進運動という．空間が等方的ならば，この分離は論理的に厳密である．しかし，熱力学では，分子は容器に入れられていることから，容器によって併進運動は方向を変えられたり，容器壁とエネルギーをやり取りすることが考えられる．また，分子どうしが衝突することによっても，併進運動と内部運動の間でエネルギーがやり取りされることがある．

9.3.2 電子と原子核の運動の分離

分子の内部運動は，ボルン-オッペンハイマー (Born-Oppenheimer) 近似により，電子と原子核の運動が（近似的に）分離される．原子核は電子に比べて圧倒的に重く遅い運動をする．この時間スケールの大きな差異を大胆に考慮して，電子が分子内を周回する程度の時間では，原子核が止まっていると考える（したがって，ボルン-オッペンハイマー近似は固定核の近似ともいわれる）．つまり，電子は空間に固定された原子核が作るクーロン電場の中を量子力学的に運動し，その原子核配置における量子化された（つまり，飛び飛びの）エネルギー準位を作るものとする．このようにして得られる電子エネルギーは，数 eV 単位で離散化されていて，電子励起或は脱励起によるエネルギーの出入り

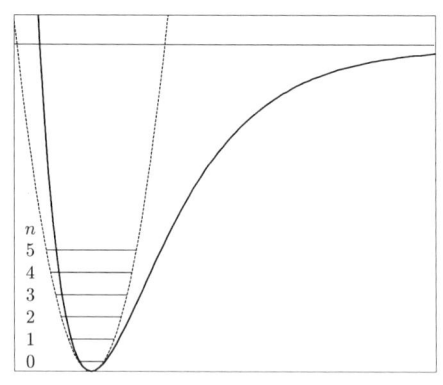

図 9.1 酸素分子のポテンシャルエネルギー曲線とその調和近似および量子力学的エネルギー準位

は，通常の「熱」の研究対象とはならないことが多い（1 eV は約 11600 K に相当する）．

任意の位置で固定された原子核の座標は，自由に取り直せるから，それをパラメータとして動かすことにする．すると，上で得られた電子エネルギーは原子核の座標の関数として得られることになる．この関数の多次元空間におけるグラフを，化学ではポテンシャルエネルギー超曲面 (PES) と固有名詞化してよぶ．さらに，PES は，原子核に対しては位置エネルギーとして働く．こうして，原子核は自身の運動エネルギーを持って，PES の上を運動することになる．

次に，PES の典型的なトポグラフィーを 3 例示す．

■ **2 原子分子（図 9.1）：分子振動**　2 原子分子の核間距離 (R) の関数としての電子エネルギー（PES，ここではポテンシャルエネルギー曲線，$E(R)$）を図 9.1 に示す．縦軸（エネルギー）の原点は，分子が解離して 2 つの原子になった点（$R = \infty$）にとってある．$E(R)$ の最小値を与える R を平衡核間距離 (R_e) という．この図の右のパネルは，平衡核間距離の周りで $E(R)$ を 2 次曲線で近似したもので，

$$\frac{1}{2} K (R - R_e)^2 \tag{9.1}$$

の形をした調和振動子になぞらえたものである．K を力の定数という．この調和バネが換算質量 M によって振動している場合には，角振動数

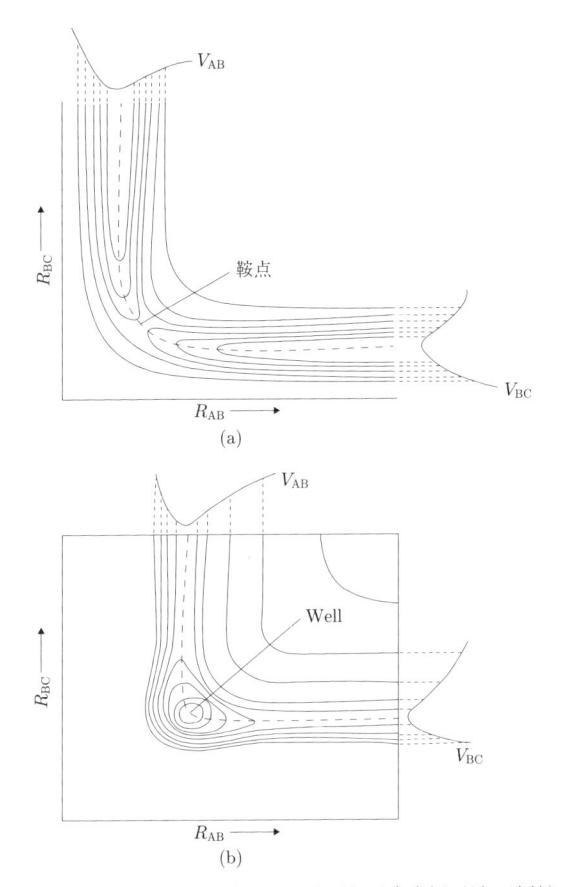

図 **9.2** ポテンシャルエネルギー曲面と反応座標（長い波線）

$$\omega = \sqrt{\frac{K}{M}} \tag{9.2}$$

の速さで運動する．調和振動子の量子力学は完全にわかっており，ここには離散エネルギー準位が描かれている．

■ **3原子分子タイプ2，鞍点型（図9.2(a)）：エネルギー障壁のある化学反応**
次に，3原子分子（ABC）が1つの直線上で，A+BC → AB+Cとなる組み換え反応における，電子エネルギー（PES）の一例を示す（図9.2(a)）．この反応は，右下の谷から，鞍点 (saddle point) を経由して，左上の谷に抜けていくプロセスで表される．この鞍点のエネルギーの高さは反応が起きるために必

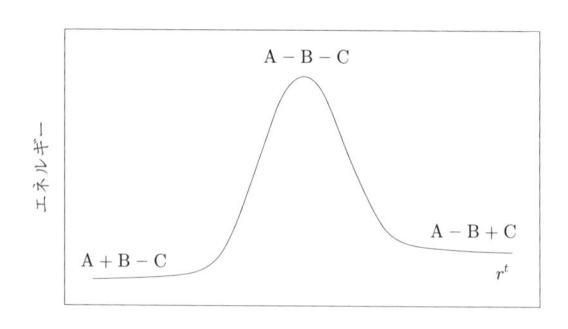

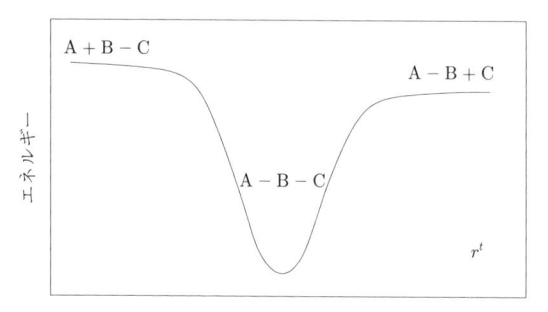

図 9.3 反応プロフィル

要な最小限の（古典力学的）エネルギーに対応する．

■**3原子分子タイプ1，盆地型（図9.2(b)）：多原子振動**　図9.2(b) では，3原子分子（ABC）が1つの直線上で分子振動を行うことができる場合の，エネルギー盆地をもつ場合の一例である．

■**反応プロフィル（図9.3）：反応熱（発熱，吸熱），活性化エネルギー**　図9.2(a) と 9.2(b) に描かれた谷底を這うような破線（反応座標という）に沿って，電子エネルギーの高さをプロットしたものが図9.3に描かれている．ここでは，横軸の長さには，特に意味はない．化学反応によって，発生する（吸収する）エネルギー（反応熱），および，反応を起こすために必要な最低限のエネルギー（活性化エネルギー）が図式化されている．

　これらのイメージは，第16章で使う．

9.3.3　ポテンシャルエネルギー曲面上の運動：分子振動と化学反応

　次に，分子の内部自由度ということを考えておこう．自由度とは独立変数

の数のことである．PESを決めるためには，分子の形の座標上で電子エネルギーを計算する必要があるが，分子の形の座標の次元数はいくつだろうか？今，N個の原子からなる分子を一般的に想定してみよう．各原子は3次元空間では3個の自由度を持つ（x, y, zの座標）．つまり，総計で$3N$であるが，分子全体を併進させても同じ分子の形を維持できるので，3個の自由度が余分にあることになる．同じ理由で，重心を固定したまま，同じ形で分子の向きを変えることができる．分子の向きの自由度は3個（直線分子では2個）ある．以上をまとめると，N原子分子の形の空間の自由度は

$$3N - 6 \tag{9.3}$$

直線分子では

$$3N - 5 \tag{9.4}$$

になる．2原子分子では1，一般の3原子分子では3，ということになる．

9.3.4 回転運動の分離

　上で述べたように，分子の形が固定されていれば，つまり剛体ならば，その向きは3個の自由度を持っており，単純に回転の自由度が3個あるということになる．分子が振動状態の一番低い状態（振動基底状態）にあって，分子の形が大きな変位を伴わないときには，剛体のように近似し，回転運動を振動運動と分離することができる．

　しかし，分子が大きな構造変位を伴う振動運動をすることは特別なことではない．柔らかい分子や，高い振動エネルギーを持つ分子では，分子は回転の途中で形や空間的広がり（回転能率の大きさに反映される）を変えることができて，その結果として，回転は振動とカップルし，剛体のようには分離することができなくなる．もちろんその場合でも，振動とのカップリングを含めた分子全体としての回転の角運動量は保存される．スケーターがスピンをするときに手を広げればスピンは遅くなり縮めれば速くなるのと同じ現象である．

　本書では，以下，回転運動は振動運動と分離されているものとして話を進める．こうして，分子1個に対して，併進，電子，振動，回転のモードが分離され，それぞれにエネルギーが配分される，という（近似的な）構図が出来上がった．

9.4 2原子分子のエネルギー準位

次に，酸素分子を例にとり，併進モード，回転モード，振動モードにおける，それぞれのエネルギーの受け入れ方を見ておこう．一般に原子核の運動は，0.1 eV あるいはそれより小さい程度の値で離散化されていて，熱力学における内部エネルギーの主たる対象になる．一方，電子エネルギーの準位差は桁違いに大きく（典型的には，数 eV），化学者が実験研究で扱うエネルギー領域（典型的には，eV のオーダー）においては，「統計的」に扱うことが不適切であることが多い．

それぞれのモードに許される，離散的なエネルギー準位（つまり引出しの高さ）は，量子論によって与えられる．以下の例で示す 2 原子分子の場合などでは，シュレディンガー (Schrödinger) 方程式の固有関数（波動関数）と固有値（エネルギー準位）を求めることは，特に難しいわけではないが，紙面を必要とするので，ここでは解かれているものだとして受け入れていただきたい（量子力学の教科書を参照していただきたい）．

9.4.1 並進運動（井戸型ポテンシャル）のエネルギー準位

熱力学の場合，並進とはいっても，1辺が長さ L の1次元の井戸に閉じ込められた質量 m の粒子 1 個の自由運動である．その量子力学的なエネルギーは

$$E_n = \frac{1}{2m}\left(\frac{n\pi\hbar}{L}\right)^2 \tag{9.5}$$

で与えられる．ここで，$\hbar$ はプランク定数（$\hbar = 1.05457 \times 10^{34}$ Js）である．$n = 1, 2, \cdots$ を量子数という．古典力学では，連続的にエネルギーをとることが可能であるが，量子力学では，井戸の中に飛び飛びのエネルギー準位ができて，これらの固有状態だけが物理的に許される，と主張する．

x, y, z 方向にできた 3 次元立方体の場合，それぞれの次元に与えられたエネルギーが互いに交換することはなく，それらの単純和で表してよいので，

$$\begin{aligned}E(n_x, n_y, n_z) &= \frac{1}{2m}\frac{(\pi\hbar)^2}{L^2}(n_x^2 + n_y^2 + n_z^2) \\ &= \frac{(\pi\hbar)^2}{2m}\frac{1}{V^{2/3}}(n_x^2 + n_y^2 + n_z^2)\end{aligned} \tag{9.6}$$

9.4 2原子分子のエネルギー準位

となる．それぞれの方向における量子数は，$n_x, n_y, n_z = 1, 2, \cdots$ である．ここで，立方体の辺の長さ L と体積 V との関係 $L^2 = V^{2/3}$ を使った．

■**例：酸素分子**　体積 1 L の容器に 300 K の酸素分子が充填されているときの値は以下のようである：

300 K $\Longrightarrow \dfrac{1}{2} k_B T = \dfrac{1}{2} \times (1.38 \times 10^{-23})$ J,

$(\pi \hbar)^2 \Longrightarrow (3.313 \times 10^{-34})^2$ J^{2}s^2,

m_{O_2}（酸素分子の質量）$\Longrightarrow 5.31 \times 10^{-26}$ kg　から，

$$\frac{(\pi\hbar)^2}{2m} \frac{1}{V^{3/2}} = \frac{1}{2} \cdot \frac{1}{5.31 \times 10^{-26}} \cdot (3.313 \times 10^{-34})^2 \times \frac{1}{10^{-2}}$$
$$= 1.03 \times 10^{-40} \text{ J}(間隔\ V = 1\ell\ 中) \tag{9.7}$$

となる．ここで選んだ例では，1 辺の長さが 10 cm と，巨視的な長さのために，エネルギー準位の間隔は極めて小さく，$1 k_B T = 1.38066 \times 10^{-23}$ J，つまり絶対温度で 1 度が 1.38066×10^{-23} J に対応していることを考えても，観測可能限界を超えていることがわかる．

9.4.2　回転運動（剛体として）のエネルギー準位

質量 m_A と m_B の 2 原子からなる分子の回転エネルギーは，次のように与えられる．換算質量 μ

$$\frac{1}{\mu} = \frac{1}{m_A} + \frac{1}{m_B} \tag{9.8}$$

をまず与える．平衡核間距離 R_e において剛体近似を行うと，慣性モーメントが

$$I = \mu R_e^2 \tag{9.9}$$

で与えられて，回転の角振動数を ω とすると，角運動量 L は $L = I\omega$ で与えられるが，そのときの古典力学的エネルギーは

$$\mathcal{H} = \frac{L^2}{2I} (L = I\omega)$$
$$= \frac{1}{2} I \omega^2 \tag{9.10}$$

である．量子論では，各運動量の 2 乗 L^2 が量子化されて，

$$E_j = \frac{\hbar^2}{2I}j(j+1) \qquad j = 0, 1, \cdots \tag{9.11}$$

で与えられる．回転の量子数 j のあり方は，井戸型ポテンシャルとずいぶん異なっていることに，注意してほしい．それはまた，次に述べる調和振動子の場合ともかなり異なっている．

■例：酸素分子　酸素分子では，式 (9.11) に必要な物理量は以下のとおりである：

$R_e = 1.208 \times 10^{-10}$ m

$\mu = \dfrac{16 \times 16}{16 + 16} \times \dfrac{10^{-3}}{6.02 \times 10^{23}} \simeq 1.33 \times 10^{-26}$ 　　(kg)

$I = \mu R_e^2 = 19.5 \times 10^{-47}$ 　kg·m^2．これらを代入して，

$$E = \frac{\hbar^2}{2I}j(j+1), \tag{9.12}$$
$$\frac{\hbar^2}{2I} = \frac{(1.05457 \times 10^{-34})^2}{2 \times 19.5 \times 10^{-47}} = 2.85 \times 10^{-23} \text{ J}$$

となる．

ここで，$j = 1$ のときの量子エネルギーを古典エネルギーと同じ値だとしよう．すると，古典の回転周期は，$\mathcal{H} = \frac{1}{2}I\omega^2$ を使って

$$\text{角振動数} \quad \omega \sim 0.76 \times 10^{12} \text{ (s}^{-1}\text{)}$$
$$\text{回転周期} \quad T = 8.26 \times 10^{-12} \text{ (s)}$$

と得られる．このように小さな分子が 1 回転するのに必要な時間は，典型的には，10^{-12} s（1 ピコ秒）程度である．

9.4.3　振動運動のエネルギー準位

換算質量 M，バネ定数（力の定数）K の調和振動子は，

$$\omega = \sqrt{\frac{K}{M}} \tag{9.13}$$

の角振動数をもち，エネルギーは，

$$E_n = \left(n + \frac{1}{2}\right)\hbar\omega \qquad n = 1, 2, \cdots \tag{9.14}$$

で与えられる．奇妙な 1/2 という，幾何学に由来する数字が現れる．

■例：酸素分子　酸素分子では，

$$R_e = 1.208 \times 10^{-10} \text{ m}$$
$$K = 1.178 \times 10^3 \text{ N/m} \quad (9.15)$$
$$\mu = 1.33 \times 10^{-26} \text{ kg}$$

なので

$$\omega = \sqrt{\frac{K}{\mu}} = \left(\frac{1.178 \times 10^3}{1.33 \times 10^{-26}}\right)^{\frac{1}{2}} = 2.976 \times 10^{14} \text{ (s}^{-1})$$
$$\hbar\omega = 1.054 \times 10^{-34} \times 2.976 \times 10^{14} = 3.14 \times 10^{-20} \text{ (J)} \quad (9.16)$$
$$\text{振動周期} \quad T = 2.1095 \times 10^{-14} \text{ (s)}$$

となる．分子振動の典型的な周期は $10^{-14} - 10^{-13}$s である．回転の周期と比べて欲しい．

9.4.4　モード間でのエネルギーの交換

以上，分子の中のエネルギーを独立なモードに近似的に分離した．しかし，分子どうしが衝突すると，エネルギー全体は当然保存されるものの個々のモードへの再配分が起きる．たとえば振動と並進の間や，回転と振動の間などで，エネルギーの移動が起きる．この移動も，量子力学の遷移法則に従って起きる．また，多原子分子の振動モードは高いエネルギーになると複雑な形態をとり，分子内に引き起こされる高速のエネルギー流に重要な役割を果たす．カオス (chaos) という現象が背景に関わっている．

にもかかわらず，以下の議論では，エネルギー再配分の原理や速さを一切問題にしない．前にも述べたとおり，それぞれのモードがどれだけエネルギーを受け入れるキャパシティを持つかだけを手がかりに，状態の在り方を問題にする．

9.5　エネルギーと温度

以上，個々の分子の中に蓄えられるエネルギーというものの中身が概観できた．次に，エネルギーと「我々が経験的に知っている温度」というものの関係を明らかにしておきたい．温度という概念は，奥が深い．ここでは，最も基本的な部分から学び始めよう．

まず，我々が知っている温度とは，(1) 分子の集団の属性として得られている，(2) 足し算がきかない，(3) 高いほうから低いほうに熱が流れる，などである．それが，科学的合理性を持って現れる経験式は，もちろん，理想気体の

法則

$$PV = nRT \tag{9.17}$$

である．圧力 (P)，容器内の体積 (V)，温度 (T)，容器内に含まれるモル数 (n) の間の関係式である．これを，単純な力学と結び付けて，ミクロとマクロの関係の基本的な関係を導いてみよう．なお，第 II 部では，後出する「確率」に小文字の p を使いたいので，圧力を大文字の P で表すことを確認しておく．理想気体とは，互いに相互作用しない点粒子（したがって衝突もしない）であるが，容器壁にはきちんと弾性衝突をする，という矛盾に満ちたものである（分子間相互作用が互いにゼロに近い原子が，連続体からできている完全剛体壁に衝突するという理想化をしておくことにする）．

図 9.4 を見よ．体積 V の直方体の容器には，質量 m の原子が N_0 個（アボガドロ数個）入っている．いま，これらの粒子の x 方向の運動だけを考えるが，速度 v_x の粒子が，箱の壁に跳ね返されて，速度 $-v_x$ になったとする（弾性衝突）．壁の面積を A としよう．単位時間 Δt の間にそのように壁に衝突することができる粒子の数は

$$N_0 \times \frac{v_x \Delta t \times A}{V} \tag{9.18}$$

である．また，1 個 1 個の分子の Δt 当たりの運動量の変化（つまり力）は

$$\frac{mv_x - (-mv_x)}{\Delta t} \tag{9.19}$$

である．容器内の分子集合体について x 方向だけ考えると，

$$\begin{aligned}
\text{壁に与えた力} &= \frac{N_0}{V} v_x A \Delta t \cdot \frac{2mv_x}{\Delta t} \times \frac{1}{2} \\
&= \frac{N_0}{V} A m v_x^2
\end{aligned} \tag{9.20}$$

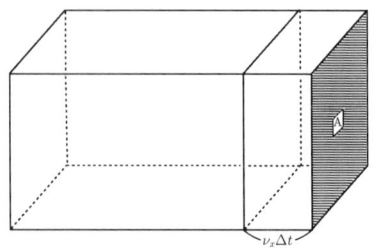

図 **9.4** 箱の中の理想気体の粒子の壁との衝突

である．ここで 1/2 をかけたのは，考えている空間の半数だけ壁に近づくからである．容器の壁が受ける単位面積当たりの力，つまり圧力（P_x）は，これを面積 A で割った量だから，

$$P_x = \frac{N_0}{V} m v_x^2 \tag{9.21}$$

である．

しかし実際には，粒子の運動は様々な速度をもって分布しているから，その平均として圧力が

$$P_x = \frac{N_0}{V} m \langle v_x^2 \rangle \tag{9.22}$$

と与えられていると考えるべきである．同様に y 方向にも，z 方向にも同じ関係が成立する．一方，質点の集合としての理想気体のはずだが，粒子が互いに無限回衝突して，x, y, z のどの方向にも圧力が一様になった（平衡の）極限では，

$$P_x = P_y = P_z = P \tag{9.23}$$

となり，また平均 2 乗速度も，互いに等しくなり

$$\langle v_x^2 \rangle = \langle v_y^2 \rangle = \langle v_z^2 \rangle \tag{9.24}$$

および

$$\langle \bar{v}^2 \rangle = \langle v_x^2 + v_y^2 + v_z^2 \rangle = 3 \langle v_x^2 \rangle \tag{9.25}$$

となる．この原理を受け入れると，

$$\begin{aligned} PV &= N_0 m \langle v_x^2 \rangle \\ &= \frac{1}{3} N_0 m \langle \bar{v}^2 \rangle \end{aligned} \tag{9.26}$$

となり，また，もともと直方体だと仮定していた容器の形状は度外視され，体積だけが問題となっている．ここで，N_0 をアボガドロ数とし，1 モル（$n = 1$）の式 (9.17) と比較すると

$$\frac{2}{3} N_0 \frac{1}{2} m \langle \bar{v}^2 \rangle = RT \tag{9.27}$$

であるから

$$\frac{1}{2}m\langle \bar{v}^2 \rangle = \frac{3}{2}k_B T \tag{9.28}$$

である.ここで,$k_B = R/N_0$ をボルツマン定数とよぶ.これを,もとの成分に分解し直すと,1 自由度(1 方向)当たり

$$\frac{1}{2}m\langle v_x^2 \rangle = \frac{1}{2}m\langle v_y^2 \rangle = \frac{1}{2}m\langle v_z^2 \rangle = \frac{1}{2}k_B T \tag{9.29}$$

が成り立っていることがわかる.

　この式は,左辺はミクロな原子・分子レベルの量,右辺はマクロな(集団としての巨視的な)量を表しており,その 2 つが関係づけられたことを表している.温度が微視的な量から算出されうることを示すという意味で極めて重要である.これが微視的な世界から巨視的な世界へ向かう第一歩目の関係式であり,常にここに戻って考えるとよい.同様に,ボルツマン定数 k_B は分子の運動エネルギーを,PV という巨視的な力学量に関係づけるための比例定数となっていることがわかる.

第10章
ボルツマン分布

　物質が与えられた条件（たとえばエネルギー）の下で，いろいろな状態を取りうるときに，それらがどのような分布をとるだろうか．分布を決めている何か一般的な原理や関数形があるだろうか？　この章では，それを考えてみよう．それが決まったら，平均値や分散などを求めることができるだろう．

　さらに一歩進んで，分配関数という，各種物理量の生成母関数を考える．これが，自由エネルギーという熱力学で最も重要な物理量に繋がっていく．

10.1　エネルギー原理

　分子1個1個の衝突による化学反応や分子内のエネルギーの流れなどは，厳格に量子力学によって支配されており，詳細な反応確率や時間発展の知識が必要ならば，相当混み入った量子計算をしなければならない．もちろん，各運動量の保存則や衝突のための初期状態を設定したり，置かれた環境などもすべて考慮する必要がある．しかし，我々はこれらの力学的詳細の一切を無視する．ただし，エネルギーの保存則だけは考えておく．そのうえで，分子内や分子間に配分されるエネルギーの分布の形は，エネルギーだけで決まっているという大胆な仮定を置いて，問題を単純化し，何がもたらされるか考えてみる．

10.1.1　指数関数分布

　高さ方向に1列に並んだ同じ大きさの引出しを持つ巨大な箪笥を考える．そこへ，小さなガラス球を様々な高さで，平均の高さは一定になるようにして，（しかしそれ以外は無作為に）大量に箪笥に投げ込んだときに，ガラス小球の数は，引出しの高さによってどのように分布するだろうか？　というのが問題である．

　言い換える．エネルギーだけで指定される状態群からなる全体系がある．この系に全エネルギー（あるいは平均エネルギー）E^{total} が与えられた場合，エネルギーが E の状態は，どのような確率で占められるか（使われるか），その

確率分布関数を $f(E;E^{\text{total}})$ としよう．関数 f は，個別の状態のエネルギーと全エネルギーだけで決まってしまうと仮定する．これをエネルギー原理とよぶことにしよう．関数 f の一般形を求めたい．

分布 f は，その存在比が**エネルギー**だけで決まっていると仮定したので，

$$\frac{f(E_2;E^{\text{total}})}{f(E_1;E^{\text{total}})} = g(E_1, E_2; E^{\text{total}}) \tag{10.1}$$

の関係式が成立しているものとする．この際，エネルギーには定数だけの不定さがあることから，実際にはその差だけが意味を持つ．つまり

$$\frac{f(E_2;E^{\text{total}})}{f(E_1;E^{\text{total}})} = g(E_2 - E_1; E^{\text{total}}) \tag{10.2}$$

という条件だけで，分布の仕方が決まっていることになる．ここで，$E_1 = E$，$E_2 = E + \Delta E$ と置き直すと

$$\frac{f(E+\Delta E;E^{\text{total}})}{f(E;E^{\text{total}})} = g(\Delta E; E^{\text{total}}) \tag{10.3}$$

となり，両辺の対数をとると

$$\ln f(E+\Delta E;E^{\text{total}}) - \ln f(E;E^{\text{total}}) = \ln g(\Delta E; E^{\text{total}}) \tag{10.4}$$

が得られる．さらに，$g(0) = 1$ であることに注意して，

$$\ln f(E+\Delta E;E^{\text{total}}) - \ln f(E;E^{\text{total}}) = \ln g(\Delta E; E^{\text{total}}) - \ln g(0; E^{\text{total}}) \tag{10.5}$$

としておく．ここで，両辺を ΔE で割って，

$$\frac{1}{\Delta E}\left(\ln f(E+\Delta E) - \ln f(E)\right) = \frac{1}{\Delta E}(\ln g(\Delta E; E^{\text{total}}) - \ln g(0; E^{\text{total}})) \tag{10.6}$$

$\Delta E \to 0$ の極限をとる．すると，

$$\text{左辺} \longrightarrow (\ln f(E))' = \frac{f'(E)}{f(E)} \tag{10.7}$$

また，

$$\text{右辺} \longrightarrow \frac{g'(0; E^{\text{total}})}{g(0; E^{\text{total}})} = -\beta \quad (\text{定数}) \tag{10.8}$$

となる．書き直すと，結局

$$\frac{d}{dE}f(E; E^{\text{total}}) = -\beta f(E; E^{\text{total}}) \tag{10.9}$$

あるいは積分して

$$f(E; E^{\text{total}}) = f(0; E^{\text{total}})e^{-\beta E} \tag{10.10}$$

が得られる．β は定数であるけれども，全エネルギーに関係した量であるらしい．

10.1.2 分布が「エネルギーだけで決まっている」ということの意味

分布関数がエネルギーだけで指定できる，ということは暗黙裡に次のことが仮定されている．

1. エネルギーを配分する方法（分布を作る方法）によらない．
2. 物質が何であるによらない．

$$\frac{g'(0; E^{\text{total}})}{g(0; E^{\text{total}})} = -\beta \Longrightarrow \text{universal で全エネルギーだけに依存する量}. \tag{10.11}$$

3. 環境がどうであるかによらない．
4. 最終的な分布に到達するまでの過程や速さはまったく考えない．つまり，「平衡」が暗黙のうちに仮定されている（前節までは分子運動の速さが考えられていたことを思い起こしてほしい）．

逆に，これらの詳細を考えるときは，指数関数からのずれを考えなければならない．

10.1.3 β の決定

9.5 節で，ミクロとマクロな最も簡単な関係を知った．理想気体は，エネルギーだけですべてが決まってしまうので，エネルギー原理が適用できる最もふさわしいシステムである．これを使って，β が何であるか，考えてみよう．

1 次元の井戸に閉じ込められた理想気体の運動を考えよう．エネルギーの関数 $f(E)$ を，$E = \frac{1}{2}mv^2$ だから，$f(v)$ と変数を変えて書いておく（わかりやすくするため），つまり

$$f(v) = f(0)e^{-\beta \frac{m}{2}v^2}. \tag{10.12}$$

すると，運動エネルギーの平均値（期待値）は，

$$\frac{\int_{-\infty}^{\infty} \frac{1}{2}mv^2 f(v)dv}{\int_{-\infty}^{\infty} f(v)dv} = \left\langle \frac{1}{2}mv^2 \right\rangle \tag{10.13}$$

と計算される．この左辺で

$$\frac{m}{2}\beta = \alpha \tag{10.14}$$

と変数変換して積分を実行する，つまり

$$\int_{-\infty}^{\infty} e^{-\alpha x^2} dx = \sqrt{\frac{\pi}{\alpha}} = \sqrt{\pi}\alpha^{-\frac{1}{2}} = \sqrt{\pi}\left(\frac{m}{2}\right)^{-\frac{1}{2}}\beta^{-\frac{1}{2}}. \tag{10.15}$$

一方

$$\int_{-\infty}^{\infty} \frac{1}{2}mv^2 e^{-\frac{m}{2}v^2\beta} dv = -\frac{\partial}{\partial \beta} \int_0^{\infty} e^{-\frac{m}{2}v^2\beta} dv$$
$$= \sqrt{\pi}\left(\frac{m}{2}\right)^{-\frac{1}{2}} \left(\frac{1}{2}\beta^{-\frac{3}{2}}\right) \tag{10.16}$$

なので

$$\left\langle \frac{1}{2}mv^2 \right\rangle_{1\text{次元}} = \frac{1}{2}\beta^{-\frac{3}{2}}/\beta^{-\frac{1}{2}} = \frac{1}{2}\beta^{-1} \tag{10.17}$$

と得られる．
ところが，式 (9.29) でみたとおり

$$\left\langle \frac{1}{2}mv^2 \right\rangle_x = \frac{1}{2}k_B T \tag{10.18}$$

だったから，結局

$$\beta = \frac{1}{k_B T} \tag{10.19}$$

となることがわかった．β は，全エネルギーの関数のはずだったが，温度がこれに代わって現れた．理想気体では，温度は平均運動エネルギーに比例する量である．

以上を分布関数に戻すと

$$f(v) = f(0)e^{-\frac{mv^2}{2}/k_B T}. \tag{10.20}$$

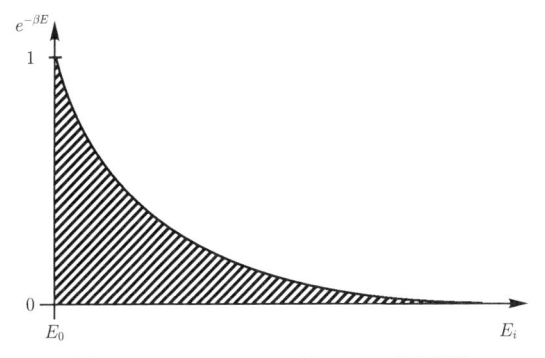

図 10.1 マクスウェル–ボルツマン分布関数

もっと一般的に

$$f(E) = f(0)e^{-E/k_B T} \tag{10.21}$$

である．この関数形を，マクスウェル–ボルツマン (Maxwell-Boltzman) 分布関数という（省いてボルツマン分布ともいう）（図 10.1）．この指数関数型分布を導く考え方は，ここで述べたもの以外にも複数あり，それぞれに興味深い．各自で勉強してほしい．

■ボルツマン分布の読み方　温度は正の量であるから，与えられた温度のときには，E が高くなるほど，その状態に見出される確率は，まさに指数関数的に小さくなる．一方，温度が高くなると，分布関数は高いエネルギー領域にも広がりをもつようになる．しかし，化学反応や光励起などによって，指数関数分布には従わない分布になることは，珍しいことではない．たとえば，あるエネルギーの状態の分布が，それより低いエネルギーの分布より高くなることがある．これを反転分布といい，レーザー発振の光源に使われることがある．高エネルギーになるほど，分布が高くなる傾向が現れたとき，「負の温度」が現れたという言い方をすることがある．

10.2 縮重と縮重度

つぎに，引出しが高さ方向に 1 列に並んだ箪笥ではなく，同じ高さに複数の引出が存在している様々な形をした箪笥を考える．こんな簡単な拡張が，エントロピーや自由エネルギーといった新しい量を導入することに繋がっていく．

同じエネルギー E_i をもつ状態が，複数個（g_i とする）存在する場合，これらの状態は g_i 重に縮重（あるいは縮退）しているという．この場合，確率分布関数を

$$f(E_i) = f(0)e^{-E_i/k_B T} \tag{10.22}$$

から

$$f(E_i) = f(0)g_i e^{-E_i/k_B T} \tag{10.23}$$

に変更する必要がある．

たとえば，分子回転の場合，式 (9.11) において，エネルギー $E_j = \frac{\hbar^2}{2I}j(j+1)$ を持つ量子数 j の状態は，$g_j = 2j+1$ 重に縮重している（$j = 0, 1, \cdots$）．この式から，j の値が高くなると縮重度はほぼ比例して高くなることがわかる．上にいくほど引出しの数が多い逆三角形をした箪笥のイメージに近い．この効果が小さくないのは直感的にも明らかである．今後，このようにして，物理的に可能な（許される）状態については，エネルギーの高さだけではなく，その数（状態数）をあらわに考慮していくことが重要になる．

■縮重の効果　式 (10.23) を次のように書き直してみよう．

$$\begin{aligned}f(E_i) &= f(0)e^{-E_i/k_B T}e^{\ln g_i} \\ &= f(0)\exp\left[-(E_i - k_B T \ln g_i)/k_B T\right].\end{aligned} \tag{10.24}$$

この式は依然として指数関数分布を表しているが，エネルギーレベルがあたかも

$$E_i \longrightarrow E_i - k_B T \ln g_i \tag{10.25}$$

と下がったように読みかえることができる．つまり，状態数が増えた分だけ，エネルギーが低下したように見えるのである．しかも温度が高いほど，低下した量が大きくなっている．こうして「状態数の効果をエネルギーに換算して読み換えること」は，後で自由エネルギーを考える際に，本質的な役割を果たすことになる．

10.3　規格化と規格化定数

$f(E)$ を確率密度関数とするために，系に可能な状態についてすべて足し合

わせると，1になるようにしておきたい．これを規格化という．具体的には，

$$\sum_i f(E_i) = f(0) \sum_i g_i e^{-E_i/k_BT} = 1 \tag{10.26}$$

となるように，$f(0)$ を決め直してやればよい．つまり，

$$f(0) = \left(\sum_{i=1}^\infty g_i e^{-E_i/k_BT}\right)^{-1} \tag{10.27}$$

である．後々のために丁寧に書いておくと，確率密度関数は

$$f(E_i) = \frac{g_i e^{-E_i/k_BT}}{\left(\sum_{j=1}^\infty g_j e^{-E_j/k_BT}\right)} \tag{10.28}$$

である．

箱の中の自由粒子の場合を例にとると，

$$\int_{-\infty}^\infty f(v)dv = f(0) \int_{-\infty}^\infty e^{-\frac{m}{2}v^2/k_BT} dv \quad (\leftarrow 積分範囲に注意)$$

$$= f(0)\sqrt{\frac{2\pi k_BT}{m}} = 1 \tag{10.29}$$

が要請される．これより，

$$f(0) = \left(\frac{m}{2\pi k_BT}\right)^{\frac{1}{2}}. \tag{10.30}$$

もし，

$$\int_0^\infty f(v)dv = 1 \tag{10.31}$$

と規格化するなら

$$f(0) = \left(\frac{2m}{\pi k_BT}\right)^{1/2} \tag{10.32}$$

とすればよい．確率密度関数を決めるためには，母集団をどのように定義したかを明確にしておく必要がある．

10.4 例題

以下，この章の残りの部分では，簡単で典型的な例について，ボルツマン分

布や分配関数を実際に見ていきたい．統計学に不慣れな人も，例題を通じて馴染んでいただきたい．1次元の箱の中の理想気体分子の運動から始める．

10.4.1 速度の平均と分散（1次元の例題）

■**単純速度平均** ボルツマン分布は，規格化定数を C として

$$f(v) = C\exp\left(-\frac{m}{2}v^2\beta\right) \tag{10.33}$$

だから

$$\langle v \rangle = \int_{-\infty}^{\infty} f(v)v\,dv = 0. \tag{10.34}$$

正と負の対称性を考えれば自明の結果である．

■**正の速度の平均** 次に，全体の並進運動の集合のうち，正の速度を持つ粒子だけの平均速度を考えてみよう．

$$\langle v^+ \rangle = \frac{\int_0^{\infty} v f(v)\,dv}{\int_{-\infty}^{\infty} f(v)\,dv} \tag{10.35}$$

を考えればよい．まず，

$$\begin{aligned}
\int_0^{\infty} v f(v)\,dv &= \frac{1}{2}\int_0^{\infty} f(v)\,dv^2 \\
&= (m\beta)^{-1}\int_0^{\infty} f(v)\,d\left(\frac{1}{2}m\beta v^2\right) \\
&= (m\beta)^{-1}\int_0^{\infty} \exp(-x)\,dx = (m\beta)^{-1} = \frac{k_B T}{m}
\end{aligned} \tag{10.36}$$

であり，

$$\int_{-\infty}^{\infty} f(v)\,dv = \int_{-\infty}^{\infty} f(v)\,dv = \sqrt{\frac{2\pi k_B T}{m}} \tag{10.37}$$

だったから（式 (10.29) を参照）

$$\langle v^+ \rangle = \left(\frac{k_B T}{2\pi m}\right)^{\frac{1}{2}} \tag{10.38}$$

と与えられる．

■**速度の分散** 次に，同様に，正の速度の分散を考えてみよう．

$$\sigma = \frac{\int_0^\infty (v - \langle v^+ \rangle)^2 f(v) dv}{\int_{-\infty}^\infty f(v) dv}. \tag{10.39}$$

この式の分子は

$$\int_0^\infty v^2 f(v) dv - \langle v^+ \rangle^2 \int_0^\infty f(v) dv$$
$$= \frac{1}{2} \left(\int_{-\infty}^\infty v^2 f(v) dv - \langle v^+ \rangle^2 \int_{-\infty}^\infty f(v) dv \right) \tag{10.40}$$

であるが，右辺第1項は，式 (10.13) を使って簡単に積分できる．結局，

$$\sigma = \frac{1}{m}\left\langle \frac{1}{2}mv^2 \right\rangle - \frac{1}{2}\langle v^+ \rangle^2 = \frac{1}{2}\left(1 - \frac{2}{\pi}\right)\frac{1}{m}k_B T. \tag{10.41}$$

この式が示すように，温度が高くなると分散（ゆらぎ）も大きくなる．これは知っておいてよい常識である．

10.4.2　3次元の系の平均速度

上で得た1次元系の分布を3次元系に拡張しよう．それは，1次元関数の直積で書かれるはずだから，

$$P(v_x, v_y, v_z) dv_x dv_y dv_z = \left(\frac{m}{2\pi k_B T}\right)^{\frac{3}{2}} \exp\left[-(v_x^2 + v_y^2 + v_z^2)\cdot \frac{m}{2k_B T}\right] dv_x dv_y dv_z \tag{10.42}$$

としておけばよい．この分布が等方的であるならば，極座標にしてから角度部分を積分すると，

$$v_x^2 + v_y^2 + v_z^2 = c^2 \tag{10.43}$$

とおいて

$$\int\int\int_{v_x^2 + v_y^2 + v_z^2 \leq c^2} dv_x dv_y dv_z = 4\pi \int c^2 dc$$

とできるので（4π は，極座標の角度部分を積分したもので，立体角である）

$$P(c)dc = \left(\frac{m}{2\pi k_B T}\right)^{\frac{3}{2}} 4\pi e^{-\frac{m}{2k_B T}c^2} c^2 dc \tag{10.44}$$

と1次元関数に還元できた．c の平均値は

$$\langle c \rangle = 4\pi \left(\frac{m}{2\pi k_B T}\right)^{\frac{3}{2}} \int_0^\infty e^{-\frac{m}{2k_B T}c^2} c^3 dc$$

$$= \left(\frac{8k_B T}{\pi m}\right)^{\frac{1}{2}} \tag{10.45}$$

で与えられる．これは第16章で応用される．

10.4.3　一定のエネルギーを持つ E^* よりも高い運動エネルギーを持つ確率

次に少し特別な例を考えておこう．これは，後の反応速度の統計論で出てくるものである．式 (10.44)

$$P(c)dc = 4\pi \left(\frac{m}{2\pi k_B T}\right)^{\frac{3}{2}} e^{-\frac{mc^2}{2k_B T}} c^2 dc \tag{10.46}$$

を次のように変換する．まず，

$$\frac{m}{2}c^2 = \varepsilon \tag{10.47}$$

であるから，速度から運動エネルギーへの変数変換を行う．すると

$$mcdc = d\varepsilon \tag{10.48}$$

であるから

$$dc = (2m\varepsilon)^{-\frac{1}{2}} d\varepsilon \tag{10.49}$$

となり，まとめると

$$P(\varepsilon)d\varepsilon = 2\pi^{-\frac{1}{2}} \left(\frac{1}{k_B T}\right)^{\frac{3}{2}} \varepsilon^{\frac{1}{2}} e^{-\frac{\varepsilon}{k_B T}} d\varepsilon \tag{10.50}$$

と運動エネルギーを変数として書き直された．

一方，式 (9.28) でみたように，併進の自由度1当たりの運動エネルギーに対して，$\frac{1}{2}m\langle \bar{v}^2 \rangle = \frac{1}{2}k_B T$ が成り立っていたから，$P(\varepsilon)$ の式の中の独立変数 ε を平均値 $\bar{\varepsilon}$ に置き換える近似をする．すると，

$$\bar{\varepsilon} = \frac{3}{2}k_B T \tag{10.51}$$

だから

$$P(\bar{\varepsilon})d\bar{\varepsilon} = \left(\frac{6}{\pi}\right)^{\frac{1}{2}} (k_B T)^{-1} e^{-\frac{\bar{\varepsilon}}{k_B T}} d\bar{\varepsilon} \tag{10.52}$$

となる．しかし，$\int_0^\infty P(\bar{\varepsilon})d\bar{\varepsilon} = 1$ になるように再規格化し

$$P(\bar{\varepsilon}) = (k_B T)^{-1} e^{-\frac{\bar{\varepsilon}}{k_B T}} \tag{10.53}$$

としておく必要がある．以上から，目的であった $\bar{\varepsilon}$ が E^* より大きな値を持つ確率は，次のように計算できる．

$$\int_{E^*}^\infty P(\bar{\varepsilon})d\bar{\varepsilon} = (k_B T)^{-1}(-k_B T)\left[e^{-\frac{\varepsilon}{k_B T}}\right]_{E^*}^\infty = e^{-\frac{E^*}{k_B T}} \tag{10.54}$$

となる．ボルツマン分布そのものであるかのように，E^* が高くなると，急激に（指数関数的に）確率が低くなることがわかる．

10.5　分配関数

式 (10.28) の分母を見て欲しい．これを，分配関数あるいは状態和という．温度の関数になっている量なので，$Z(T)$ と書く（しばしば $Q(T)$ とも書かれる）．

$$Z(T) = \sum_{i=1}^N g_i e^{-E_i/k_B T}. \tag{10.55}$$

つまり分配関数は，規格化因子そのものである．$Z(T)$ は図 10.1 の斜線部分の面積であって，分布で与えられる員数 (population) の総数になっている．$Z(T)$ は，振動，回転などの独立の運動モードについて，それぞれ個別に定義できる．

可能な状態の数 N は，無限であることも少なくないが，有限であると仮定しよう．このとき

$$\frac{Z(T)}{N} = \frac{1}{N}\sum_{i=1}^N g_i e^{-E_i/k_B T} \tag{10.56}$$

を考えると，この量は各準位における平均の占有数を表すことになることがわ

かる．分配関数をそのように意味づけて理解してもよい．

分配関数の典型的な使い方の1つを，平均エネルギー $\langle E \rangle$ の計算にみることができる．$\beta = 1/k_B T$ として，式 (10.55) から

$$-\frac{1}{Z(T)}\frac{\partial Z}{\partial \beta} = \frac{\sum_{i=1}^{N} E_i g_i e^{-E_i \beta}}{\sum_{i=1}^{N} g_i e^{-E_i \beta}} = \langle E \rangle . \tag{10.57}$$

分配関数の有用性は，順次説明していく．

10.5.1 箱の中の自由粒子のボルツマン分布と分配関数

箱の中の自由粒子の運動エネルギーは，量子論によって

$$E_n = \frac{1}{2m}\left(\frac{n\pi\hbar}{L}\right)^2 = \frac{h^2}{8mL^2}n^2 \tag{10.58}$$

と与えられた．ここで，

$$\alpha = \frac{h^2}{8mL^2} \tag{10.59}$$

としておく．規格化されていない分布関数は

$$f(n) = \exp\left[-\frac{\alpha n^2}{k_B T}\right] \tag{10.60}$$

であるから，x 方向のみの1次元の分配関数は

$$Z_x(T) = \sum_{n=1}^{\infty} \exp\left[-\frac{\alpha n^2}{k_B T}\right] \tag{10.61}$$

と計算される．

ここで，この式の中の和を積分に置き換えて評価する．

$$\begin{aligned} Z_x(T) &\simeq \int_0^{\infty} \exp\left[-\frac{\alpha n^2}{k_B T}\right] dn \\ &= \frac{1}{2}\sqrt{\pi \frac{k_B T}{\alpha}} = (2\pi m k_B T)^{1/2}\frac{L_x}{h}. \end{aligned} \tag{10.62}$$

量子数 $n = 1, 2, \cdots$ の性質から，積分の矩形公式に近似できるのは明らかである．統計力学は，厳密さや精度を競う学問ではなく，傾向やオーダーなどの定性的な問題を解明することに主眼が置かれる．このようややもすれば粗っぽいと思われる近似を今後も多様する．

3次元では，各モードの分配関数の直積で全体のそれが書けるから，

$$Z(T) = Z_x(T) Z_y(T) Z_z(T)$$
$$= (2\pi m k_B T)^{3/2} \frac{L_x L_y L_z}{h^3} = \frac{1}{h^3} (2\pi m k_B T)^{3/2} V \tag{10.63}$$

となる．最後の行で，$L_x L_y L_z = V$ と置くことにより，直方体の箱から一般の形の閉じた容器に理論の適用範囲が一般化されたことに注意したい．

10.5.2　等核2原子分子の回転運動のボルツマン分布と分配関数

例題として，等核2原子分子のボルツマン分布と分配関数を考えてみよう．そのエネルギー準位は

$$E_j = \frac{h^2}{8\pi^2 I} j(j+1) \qquad j = 0, 1, \cdots \tag{10.64}$$

であった．規格化されていない分布関数は，したがって，

$$f(j) = (2j+1) \exp\left[-\frac{1}{k_B T} \frac{\hbar^2}{2I} j(j+1)\right] \tag{10.65}$$

で与えられる．ここで，定数を次のようにまとめて表記しておく

$$a = \frac{h^2}{8\pi^2 I k_B T}. \tag{10.66}$$

分配関数は，

$$Z(T) = \sum_{j=0}^{\infty} (2j+1) \exp[-aj(j+1)] \tag{10.67}$$

である．ここでも，和を積分に置き換える近似を使う．

$$Z(T) \simeq \int_0^{\infty} (2j+1) \exp[-aj(j+1)] dj. \tag{10.68}$$

さらに変数変換

$$j(j+1) = x \tag{10.69}$$

を行うと，

$$(2j+1) dj = dx \tag{10.70}$$

であるから，積分が簡単に実行できる．つまり，

$$Z(T) = \int_0^\infty \exp[-ax]\,dx = \frac{1}{a} = \frac{8\pi^2}{h^2} I k_B T \tag{10.71}$$

である.

この分配関数を用い，式 (10.57) によって，エネルギーの平均値 $\langle E \rangle$ を計算してみると，

$$\begin{aligned}
&\sum_{j=0}^{\infty} \left[\frac{h^2}{8\pi^2 I} j(j+1)\right] (2j+1) \exp\left[-\frac{1}{k_B T}\frac{\hbar^2}{2I} j(j+1)\right] / Z(T) \\
&\simeq \int_0^\infty dj \left[\frac{h^2}{8\pi^2 I} j(j+1)\right] (2j+1) \exp\left[-\frac{1}{k_B T}\frac{\hbar^2}{2I} j(j+1)\right] / Z(T) \\
&= \frac{1}{Z(T)} \frac{h^2}{8\pi^2 I} \int_0^\infty x \exp[-ax]\,dx = \frac{1}{Z(T)} \frac{h^2}{8\pi^2 I} \left(-\frac{\partial Z(T)}{\partial a}\right) \\
&= k_B T
\end{aligned} \tag{10.72}$$

のようになる．この式で，

$$\int_0^\infty x \exp[-ax]\,dx = -\frac{\partial}{\partial a} \int_0^\infty \exp[-ax]\,dx = -\frac{\partial Z(T)}{\partial a} \tag{10.73}$$

としたが，このような技術的なことも身につけておいてほしい．

分配関数が閉じた形で，$Z(T) = \frac{8\pi^2}{h^2} I k_B T$ と与えられているとする．実際，しばしばこのようなことがある．このとき，式 (10.72) を使わないで，直接，平均エネルギー $\langle E \rangle$ を求めることができる．

10.5.3　調和振動子のボルツマン分布と分配関数

調和振動子のボルツマン分布と分配関数を考えてみよう．そのエネルギー準位は

$$E_n = \left(n + \frac{1}{2}\right) h\nu \qquad n = 1, 2, \cdots \tag{10.74}$$

であるから，規格化されていない分布関数は

$$f(n) = e^{-(n+\frac{1}{2})h\nu/k_B T} \tag{10.75}$$

で与えられる．すると，分配関数は，等比級数の形になるから，以下のように求まる．

10.5 分配関数

$$Z(T) = \sum_{n=0}^{\infty} f(n) = e^{-\frac{1}{2}h\nu/kT} \sum_{n=0}^{\infty} a^n \quad (a = e^{-h\nu/k_B T})$$
$$= \frac{e^{-\frac{1}{2}h\nu/k_B T}}{1 - e^{-h\nu/k_B T}}. \tag{10.76}$$

エネルギーの平均値は，

$$\frac{1}{Z(T)} \sum_{n=0}^{\infty} \left(n + \frac{1}{2}\right) h\nu e^{-\left(n+\frac{1}{2}\right)h\nu/k_B T}$$
$$= \frac{1}{Z(T)} \frac{h\nu}{2} \sum_{n=0}^{\infty} e^{-\left(n+\frac{1}{2}\right)h\nu/k_B T} + \frac{1}{Z(T)} h\nu e^{-\frac{1}{2}h\nu/k_B T} \sum_{n=0}^{\infty} n e^{-nh\nu/k_B T}$$
$$= \frac{h\nu}{2} + 第2項. \tag{10.77}$$

一方，$b = \frac{h\nu}{k_B T}$ として

$$\sum_{n=0}^{\infty} n e^{-bn} = -\frac{\partial}{\partial b} \sum_{n=0}^{\infty} e^{-bn} = \frac{e^{-b}}{(1-e^{-b})^2} \tag{10.78}$$

であることに注意すると，第2項も整理することができて

$$第2項 = \frac{1-e^{-b}}{e^{-b/2}} \cdot h\nu e^{-\frac{b}{2}} \frac{e^{-b}}{(1-e^{-b})^2} = \frac{h\nu e^{-b}}{1-e^{-b}}$$

となる．以上まとめると，

$$\langle E \rangle = \frac{h\nu}{2} + \frac{h\nu e^{-h\nu/k_B T}}{1 - e^{-h\nu/k_B T}}. \tag{10.79}$$

式 (10.79) において，$\langle E \rangle$ を T に対してプロットせよ．

■低温側極限　調和振動子のエネルギーの平均値は，低温側では

$$e^{-h\nu/k_B T} \to 0 \tag{10.80}$$

であるから

$$\langle E \rangle \to \frac{h\nu}{2} \tag{10.81}$$

と見積もることができる．これは基底状態のエネルギーであって，当然の結果といえる．

■高温側極限　逆に高温側では，

$$e^{-h\nu/k_B T} \simeq 1 - \frac{h\nu}{k_B T} \tag{10.82}$$

の近似を使って，

$$\begin{aligned}
\langle E \rangle &\simeq \frac{h\nu}{2} + h\nu \frac{1}{1 - \left(1 - \frac{h\nu}{k_B T}\right)} \\
&= \frac{h\nu}{2} + k_B T \\
&\to k_B T
\end{aligned} \tag{10.83}$$

と見積もることができる．

第11章
状態の数とエントロピー

　前章で，(1) エネルギーがわかっていれば，その状態に見出される確率密度が指数関数分布になるということ，(2) 多重の縮重度があれば，その効果がエネルギー量として読み替えられる，ということを学んだ．前半をエネルギー原理とよぶことにすれば，後半は状態数原理とでもよべよう．状態の性質に関する仔細や動力学（時間変化の詳細）にかかわらず，状態の「数」だけによって決まってくる統計的な性質を，この章で，もう少し詳しく考えてみよう．

　状態数原理を定量的に表現する量として「エントロピー」を導入し，それをエネルギー原理と融合させるなかで「自由エネルギー」という熱力学の主役が登場する．

11.1　縮重度の一般化

　前章で，ボルツマン分布を考える際，縮重度の重大な役割について触れた．それは，

$$f(E_i) = c g_i e^{-E_i/kT}$$
$$= c \exp\left[-(E_i - kT \ln g_i)/kT\right] \quad (11.1)$$

であって，あたかも，指数関数分布においてエネルギーレベルが

$$E_i \longrightarrow E_i - kT \ln g_i \quad (11.2)$$

と変更を受けるかのように見える，ということだった．

　縮重度 g_i は，エネルギー E_i に属している量子状態の数だった．これを，古典力学の場合にも拡張して，エネルギーが微小区間 $[E, E+\Delta E]$ にあるときの状態の数を考えて，これを

$$\Omega(E)\Delta E \quad (11.3)$$

と定義しておこう．$\Omega(E)$ は状態密度とよばれる．

11.2 状態数と状態密度

ところで，古典力学で状態の「数」とは何だろう？ 古典力学では，許される状態は離散的ではないから，「与えられたエネルギー E に属する空間の体積」を問題にする．この空間は，考えている粒子群の位置

$$\vec{Q} = (\vec{q}_1, \vec{q}_2, \cdots, \vec{q}_N)$$

とそれに共役な運動量

$$\vec{P} = (\vec{p}_1, \vec{p}_2, \cdots, \vec{p}_N)$$

を合体して $\left(\vec{Q}, \vec{P}\right)$ からなるもので，位相空間（単に相空間）という．ここで，N は粒子数である．この空間で，粒子群は，ハミルトニアン (Hamiltonian) $\mathcal{H}\left(\vec{Q}, \vec{P}\right)$ に従って，様々な初期条件で運動しているものとする．

まず，古典力学的エネルギーが E までの状態で占められる相空間の体積は

$$\Gamma(E) = \int\int \theta\left(E - \mathcal{H}\left(\vec{Q}, \vec{P}\right)\right) d\vec{P} d\vec{Q} \tag{11.4}$$

と書くことができる．$\theta(x)$ は，(Heaviside の) ステップ関数で

$$\theta(x) = \begin{cases} 1 & \text{if } x > 0 \\ 0 & \text{if } x < 0 \end{cases} \tag{11.5}$$

である．$\Gamma(E)$ を状態数という．

一方，エネルギーが $[E, E + \Delta E]$ の間にある相空間の体積（これが状態密度である）は

$$\begin{aligned}\Omega(E) &= \frac{d\Gamma(E)}{dE} \\ &= \int\int \delta(E - \mathcal{H}) d\vec{P} d\vec{Q}\end{aligned} \tag{11.6}$$

で定義される．ただし，$\Delta E \longrightarrow 0$ である．$\delta(x)$ はディラックのデルタ関数で，

$$\delta(x) = \frac{d}{dx}\theta(x) \tag{11.7}$$

を満たす奇妙な関数（超関数）である．ステップ関数とデルタ関数について

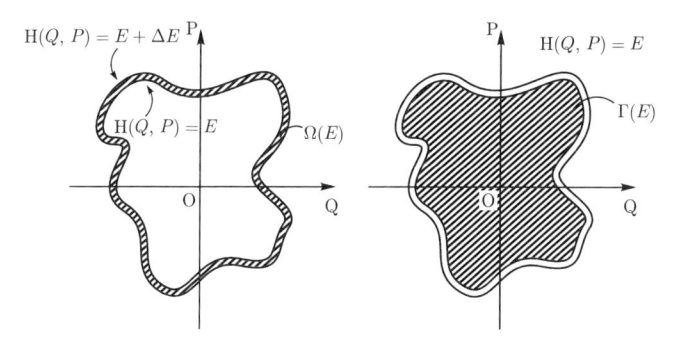

図 11.1 相空間の体積 $\Gamma(E)$ とその表面の「面積」$\Omega(E)$

は，補遺第 C 章に簡単にまとめておいたので，参照していただきたい．要するに，全相空間で考えられるエネルギー E 以下を占める空間 $\Gamma(E)$ の表面積が $\Omega(E)$ である（図 11.1 参照）．表面積といっても，熱力学では，$\Gamma(E)$ の次元より 1 小さいだけの巨大な空間を考えることが多い．また，この図から明らかなように，エネルギーを E から少しだけ上げて $E+\Delta E$ としたいとき，図 11.1 中の $\Omega(E)\Delta E$ の体積を持つ帯状の領域の体積が大きいほど，多量のエネルギーが必要であることは直感的に明らかであろう．

ところで，$\Gamma(E)$ は，定義によって，作用の $3N$ 乗次元と同じだけの次元をもっている．一方，量子論では，プランク定数より小さな空間では状態が形成されないことから，プランク定数が状態の数を測る単位になっている．$\Gamma(E)$ や $\Omega(E)$ が相空間の体積の大きさを測ることから，それらを $\hbar^{3N}$ で割って，$\Gamma(E)/\hbar^{3N}$ を状態数と定義することもよく行われる．実際には，量子論での状態密度をプランク定数でべき展開するときに現れる最低次の項（トーマス-フェルミ (Thomas-Fermi) の状態密度とよばれる）が $\Omega(E)/\hbar^{3N-1}$ なのである．以下，本書では，習慣に従って，$\Gamma(E)$ と $\Omega(E)$ を，それぞれ，状態数および状態密度とよぶ．

11.3 エントロピーと温度

■温度　箱の中の自由粒子について，今まで得た知見に基づいて，温度と状態数あるいは状態密度との関係を考えてみよう．3 次元箱の中の質量 m の自由粒子に関する $\Gamma(E)$ は，以下のようにすれば求まる．まず，

$$E = \frac{1}{2m} \sum_{i=1}^{N} \left(p_{ix}^2 + p_{iy}^2 + p_{iz}^2\right) \tag{11.8}$$

である．この場合には位置エネルギーがないので，

$$\begin{aligned}\Gamma(E) &= \frac{1}{h^{3N}} \int\int \theta\left(E - \mathcal{H}\left(\vec{Q}, \vec{P}\right)\right) d\vec{P} d\vec{Q} \\ &= \frac{1}{h^{3N}} \int d\vec{Q} \int \theta(E - \frac{1}{2m} \sum_i \left(p_{ix}^2 + p_{iy}^2 + p_{iz}^2\right)) d\vec{P}\end{aligned} \tag{11.9}$$

のように空間の積分（$\vec{Q}$ 積分）と運動量空間の積分（$\vec{P}$ 積分）が分離できる．ここで，

$$\int d\vec{Q} = V \tag{11.10}$$

を容器内の体積とする．一方，運動量空間の積分は極座標に変換すると簡単に積分できる．

$$\begin{aligned}&\int \theta(E - \frac{1}{2m} \sum_i^N \left(p_{ix}^2 + p_{iy}^2 + p_{iz}^2\right)) d\vec{P} \\ &= \frac{4\pi}{3 \cdot 4 \cdot 5 \cdot \cdots \cdot 3N} (2mE)^{3N/2}.\end{aligned} \tag{11.11}$$

まとめると，

$$\Gamma(E) = \frac{8\pi}{h^{3N}(3N)!} (2m)^{3N/2} E^{3N/2} V \tag{11.12}$$

となる．一方状態密度は，式 (11.6) を使って

$$\Omega(E) = \frac{3N}{2} \frac{8\pi}{h^{3N}(3N)!} (2m)^{3N/2} E^{3N/2-1} V \tag{11.13}$$

である．

さて，ここで $\Gamma(E)$ の対数をとったうえで

$$S(E) \equiv k_B \ln \Gamma(E) \tag{11.14}$$

この量をエネルギー E で微分してみる．プランク定数など定数項が消えて，本質的に E だけに依存している関数関係が残り，

$$\frac{d}{dE}\left(k_B \ln \Gamma(E)\right) = \frac{3}{2} N k_B \frac{1}{E} \tag{11.15}$$

となる．同様に，

$$\frac{d}{dE}\left(k_B \ln \Omega(E)\right) = \left(\frac{3}{2}N - 1\right) k_B \frac{1}{E} \tag{11.16}$$

である．N が大きい数の場合には，この2つの量は事実上同じ大きさになる．

さて，ここで，N 個の自由粒子に，式 (9.28) で得た結果を定数倍した結果

$$\langle E \rangle = \frac{3}{2} N k_B T \tag{11.17}$$

を使うと，

$$\frac{d}{dE}\left(k_B \ln \Omega(E)\right) = \frac{\frac{3}{2}N - 1}{\frac{3}{2}N} \frac{1}{T} \tag{11.18}$$

となった．N がアボガドロ数のように大きな値である場合には，

$$\frac{d}{dE}\left(k_B \ln \Omega(E)\right) \to \frac{1}{T} \tag{11.19}$$

である．

一方，状態数 $\Gamma(E)$ を使う場合には，式 (11.17) を無条件に使うわけにはいかない．$\Gamma(E)$ における E は状態のエネルギーそのものというより，考えている系のエネルギーの上限を表しているからだ．しかし，N が大きい数の場合には，$\Gamma(E)$ が $[E, E+\Delta E]$ の領域で事実上支配されていることを考慮して，近似的に式 (11.17) を使うと，

$$\frac{d}{dE}\left(k_B \ln \Gamma(E)\right) = \frac{1}{T} \tag{11.20}$$

となる．注意してほしいのは，$\Gamma(E)$ が $3N$ 次元空間の積分であるのに対して，$\Omega(E)$ は $3N - 1$ 次元空間の積分であって，上でも述べたように，$\Omega(E)$ も $\Gamma(E)$ と同程度の巨大な量である，ということである．一方，系が小さい場合には，式 (11.18) と (11.20) の温度には違いが出てくる．しかし，どの程度小さい系にまで，このような議論を続けてよいかは，熱統計力学の中だけでは答えられない問題である．

■エントロピー　$k_B \ln \Omega(E)$ も $k_B \ln \Gamma(E)$ も熱力学的エントロピーとよばれる．これは熱力学における重要な関係式

$$\frac{dS}{dE} = \frac{1}{T} \tag{11.21}$$

からきている．ただし，温度はエネルギー微分で与えられているので，この段

階では不定性が残って

$$S = k_B \ln \Omega(E) + c \tag{11.22}$$

となっている．エントロピーのエネルギー微分は，温度を与えるらしい，ということがわかった．

逆に，エントロピーを使って，状態密度や状態数は

$$\Omega(E) = \exp\left[\frac{S}{k_B}\right] \tag{11.23}$$

あるいは

$$\Gamma(E) = \exp\left[\frac{S}{k_B}\right] \tag{11.24}$$

と表される．エントロピーが増大すると，指数関数的に状態密度や状態数，あるいは観測可能な状態の数が増加する．エントロピーは乱雑さ，複雑さの程度などと表現されることもある．

2つの独立な系があり，それらの状態密度を $\Omega_1(E_1)$ と $\Omega_2(E_2)$ とする．これをまとめて1つの状態と考えたとき，全体の状態密度はそれぞれの可能な状態の組み合わせの数で決まるから，それらの積

$$\Omega_1(E_1)\Omega_2(E_2) \tag{11.25}$$

で与えられる．一方，エントロピーは

$$S_1(E_1) + S_2(E_2) \tag{11.26}$$

と和の形になる．このように部分系に属する値の和になる量を，示量変数ということは，第 I 部でも述べた．

11.3.1　温度の背景にある幾何学

式 (11.20) を再訪しよう．すると，

$$\begin{aligned}
\frac{d}{dE}(k_B \ln \Gamma(E)) &= k_B \frac{1}{\Gamma(E)} \frac{d\Gamma(E)}{dE} \\
&= k_B \frac{\Omega(E)}{\Gamma(E)}
\end{aligned} \tag{11.27}$$

つまり

11.3 エントロピーと温度

$$k_B T = \frac{\Gamma(E)}{\Omega(E)} = \frac{\text{状態空間の体積}}{\text{状態空間の表面積}} \tag{11.28}$$

と見直すことができる．これは，「温度とは，問題としている系のエネルギー E の相空間の体積が，その表面積に比べてどの程度大きいか」ということに比例した量だということである．温度に関する生活上の経験と直感を交えていうと，「あるエネルギーをもった物質の状態空間が，大きな体積を持っているのにもかかわらず，表面積が小さい場合には，温度は高く，**潜在的な**エネルギーの供給力が大きい」ということになる（再び図 11.1 を見てほしい．この図で，$\Gamma(E)$ の値が同じならば，その表面を意味する $\Omega(E)$ の形が複雑で長ければ（つまり $\Omega(E)$ が大きければ），式 (11.28) の T は小さくなる）．したがって，同じ体積でも，状態空間の表面が複雑で面積が大きければ，温度は低くなる，ということである．このことから，

温度の逆数は，（この系の）外部からエネルギーの受け入れやすさ (11.29)

を意味していると了解できる．通常，エネルギーが上がってくると，一般に，表面積は体積に比べて相対的に小さくなり，外からエネルギーが入ってきにくくなる．つまり温度が上がってくる．逆に，絶対零度の極限では，表面積は体積の無限大の大きさになり，$1/T$ は発散する．

■ $\Omega(E)$ を与える状態空間の複雑さ　一般に，$\Omega(E)$ の複雑さは，位置エネルギー関数の複雑さからきている．分子が複雑な形状をもち，その状態空間の表面も複雑な形をとり，面積が大きくなるであろう．その分だけ，複雑な分子はエネルギーを受け入れやすい，あるいは温度が低い，という状況になりやすい．タンパクなどの生体関連分子は，持っているエネルギーの割には，温度が低い，あるいはエネルギーを流失させにくい，ということができるかもしれない．したがって，位置エネルギー $V(\vec{Q})$ の空間的形状の複雑さが温度を決めているといってよい．

11.3.2　局所的な温度密度と運動エネルギー

さて，次に状態密度を考え直してみると

$$\Gamma(E) = \int\int d\vec{Q} d\vec{P}\, \Theta\left(E - \mathcal{H}\left(\vec{Q}, \vec{P}\right)\right) \tag{11.30}$$

だったので，この積分の一部を式 (11.28) に代入してみよう．そこで，

$$k_B T = \int d\vec{Q} \left[\frac{1}{\Omega(E)} \int d\vec{P} \Theta \left(E - \mathcal{H}\left(\vec{Q}, \vec{P}\right) \right) \right] \quad (11.31)$$

と分けて考えて，位置 Q の関数として

$$k_B \tau\left(\vec{Q}\right) = \left[\frac{1}{\Omega(E)} \int d\vec{P} \Theta \left(E - \mathcal{H}\left(\vec{Q}, \vec{P}\right) \right) \right] \quad (11.32)$$

を定義することができる．$\tau\left(\vec{Q}\right)$ を点 $\vec{Q}$ における温度密度（単位体積当たりの温度）と定義する．もちろん

$$\int_{系全体} \tau\left(\vec{Q}\right) d\vec{Q} = T \quad (11.33)$$

である．$\tau\left(\vec{Q}\right)$ の逆数は，$\vec{Q}$ におけるエネルギーの受け入れやすさを表すと解釈できる．巨視的な世界では，触れる場所によって温度が異なるという感覚は普通のことであるが，分子レベルでも，よく似た状況がある．たとえば，エネルギー E が与えられた分子において，分子の形（構造）が異なる異性体（構造異性体）を考えてみよう．ある構造は座標 $\vec{Q}_1$ で，また別の構造は座標 $\vec{Q}_2$ で表される場合に，$\tau\left(\vec{Q}_1\right)$ と $\tau\left(\vec{Q}_2\right)$ は異なった値をとることがありえて，同じエネルギーを持つにもかかわらず，「温度密度」が異なる，ということがしばしば起きる．

　それが何を意味するか，考えてみよう．系のハミルトニアン $\mathcal{H}\left(\vec{Q}, \vec{P}\right)$ は，通常，運動エネルギー $K\left(\vec{P}\right)$ と位置エネルギー $V\left(\vec{Q}\right)$ の和

$$\mathcal{H}\left(\vec{Q}, \vec{P}\right) = K\left(\vec{P}\right) + V\left(\vec{Q}\right) \quad (11.34)$$

で表されるから，構造 $\vec{Q}_1$ における温度密度は

$$\tau\left(\vec{Q}_1\right) = \left[\frac{1}{k_B \Omega(E)} \int d\vec{P} \Theta \left(E - V\left(\vec{Q}_1\right) - K\left(\vec{P}\right) \right) \right] \quad (11.35)$$

ということになる．これは，$E - V\left(\vec{Q}_1\right)$ を上限値とする運動量空間の状態数であり，式 (11.11) によれば

$$\tau\left(\vec{Q}_1\right) = \left[\frac{1}{k_B \Omega(E)} \frac{8\pi}{(3N)!} \left[2m \left(E - V\left(\vec{Q}_1\right) \right) \right]^{3N/2} \right] \quad (11.36)$$

となる（ここでは，すべて構成粒子が同じ質量 m を持つと仮定したが，本質には関わりがない）．これから，運動エネルギー $E - V\left(\vec{Q}_1\right)$ が大きいほど，温度密度が高いということがわかる．さらに，$\tau\left(\vec{Q}_1\right)$ を $\vec{Q}_1$ の 1 成分 x で微分すると

$$\frac{\partial}{\partial x}\tau\left(\vec{Q}_1\right) = -\frac{\partial}{\partial x}V\left(\vec{Q}_1\right)\left[3Nm\frac{1}{k_B\Omega(E)}\frac{8\pi}{(3N)!}\left[2m\left(E-V\left(\vec{Q}_1\right)\right)\right]^{3N/2-1}\right] \tag{11.37}$$

となって，x方向に働く古典力学的力 $-\frac{\partial}{\partial x}V\left(\vec{Q}_1\right)$ と温度密度の勾配の関係が得られる．ミクロの力学法則と温度のようなマクロの量を形式的に結ぶ1つの関係が与えられたことになる．たとえば，可動式の隔壁を内部に持つ容器内があって，この隔壁で隔てられた2つの部分に気体が満たされているとする．式 (11.37) は，この容器の内部が平衡に達していて，温度密度の勾配がなければ，可動壁に働く力もゼロになって静止している，ということを意味する．これも，「温度」とは何かを理解するうえで，重要な側面である．

ちなみに，同様に，

$$\tau\left(\vec{P}\right) = \frac{1}{k_B\Omega(E)}\int d\vec{Q}\,\Theta\left(E-\mathcal{H}\left(\vec{Q},\vec{P}\right)\right) \tag{11.38}$$

も定義できる．$\tau\left(\vec{P}\right)$ は，どの運動量が全体の温度に対して大きい寄与をするか，ということが議論できるが，こちらはそれほど役に立ちそうもない．

11.4 接触系の状態密度と温度

「温度の逆数は，外部からのエネルギーの受け入れやすさの指標である」ということをもう少し詰めて考えてみよう．個別に温度が一定になっている2つの物体を接触させると，エネルギーの流れが始まり，やがて，あるところで次第に見掛け上停止をしてしまう．経験的に，高い温度の物体からエネルギーが流れて，温度が同じになると，一様になって停止したように見える．

2つの系1と2があって，その間ではエネルギーのやり取りだけをしているものとする（図 11.2 参照）．たとえば恒温槽（熱浴）とその中に入れられた，試験管のようなものである．それぞれの状態密度を $\Omega_1(E_1)$ および $\Omega_2(E_2)$ とする．2つの系の間でエネルギーの流れはあるものの，全エネルギーは保存しているから

$$E_1 + E_2 = E \tag{11.39}$$

（定数）としておく．それぞれの系が，許されたエネルギーをすべて取りうると考えて，接触系全体の状態密度を考えると，

$$\Omega(E) = \int_0^E \Omega_1(E_1)\Omega_2(E-E_1)\,dE_1 \tag{11.40}$$

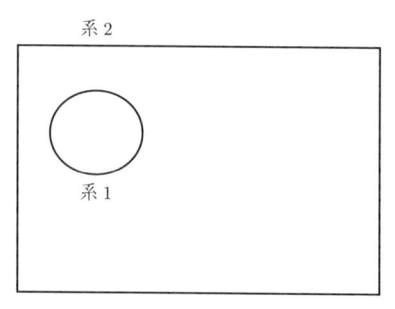

図 11.2 2つの接触系

となることが容易にわかる．

一般に，系が大きくなると，エネルギーが大きくなるにつれ状態密度も急激に大きくなる．したがって，被積分関数

$$\Omega^{\text{tot}}(E_1 : E) = \Omega_1(E_1)\Omega_2(E - E_1) \tag{11.41}$$

を E_1 の関数として描くと，図 11.3 のようになる．$\Omega^{\text{tot}}(E_1 : E)$ は，系 1 にエネルギー E_1 が割り振られたときの全体の状態密度である．すべての可能な E_1 について足し合わせれば，全体の状態密度が得られる．

$\Omega^{\text{tot}}(E_1 : E)$ は部分系の積の形をしている．前節で，状態密度の対数が重大な意味を持つことを思い出して，

$$\ln \Omega^{\text{tot}}(E_1 : E) = \ln \Omega_1(E_1) + \ln \Omega_2(E - E_1) \tag{11.42}$$

を考えることにする．これは，2つの系に関する状態密度に関する「情報」の和になっている．

先にも述べたが，このように，部分系の和として系全体の総量が表される量を示量変数という．一方，温度のように，部分系のそれを足したからといって，全体量として意味を持つわけではない，という変数を示強変数という．

11.4.1 最大実現確率の状態を特徴づけるパラメータとしての温度

さて，被積分関数 $\Omega^{\text{tot}}(E_1 : E)$ がどのエネルギー E_1 で最大値をとるか考えてみよう．つまりどの E_1 のときに，系全体として許される状態密度が最大になるか，という問題である．すなわち，図 11.3 の最大値を探すことである．全体系は，わざわざ状態密度の小さいところに実現する可能性は小さく，同じエネルギーならば，状態密度の大きいところに見出される確率が高いはずである．それを探そう．

11.4 接触系の状態密度と温度

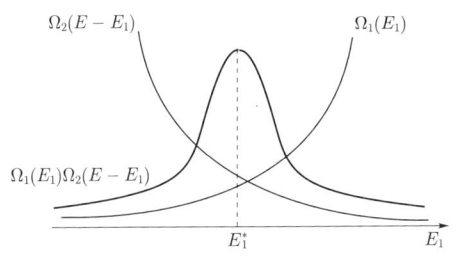

図 11.3 全エネルギーが保存している 2 つの接触部分系の状態密度のエネルギー依存性

さて，対数関数が単調増加関数であることを考えると，$\Omega^{\mathrm{tot}}(E_1:E)$ の最大値を与える E_1 と $\ln \Omega^{\mathrm{tot}}(E_1:E)$ を与えるそれとでは同じである．したがって，式 (11.42) について E_1 で微分をとり，最大値を探す．すなわち

$$\frac{\partial}{\partial E_1} \ln \Omega^{\mathrm{tot}}(E_1:E) = \frac{\partial}{\partial E_1} \ln \Omega_1(E_1) + \frac{\partial}{\partial E_1} \ln \Omega_2(E - E_1) = 0. \quad (11.43)$$

右辺は，

$$\frac{\partial}{\partial E_1} \ln \Omega_1(E_1) - \frac{\partial}{\partial E_2} \ln \Omega_2(E_2) \quad (11.44)$$

である．式 (11.43) を満たす E_1 と E_2 を，それぞれ，E_1^* と E_2^* と名付けよう．書き直すと，

$$\left.\frac{\partial}{\partial E_1} \ln \Omega_1(E_1)\right|_{E_1=E_1^*} = \left.\frac{\partial}{\partial E_2} \ln \Omega_2(E_2)\right|_{E_2=E_2^*} \quad (11.45)$$

である．これは式 (11.19) で見たとおり

$$\frac{1}{k_B T_1} = \frac{1}{k_B T_2} \quad (11.46)$$

を満たすから，系 1 の温度 T_1 と系 2 の温度 T_2 が一致していることを要求している．

（部分系ではなく）全系において実現する（観測される）可能性が一番高い状態が現出しているときに，各部分系で定義した温度が共通した値になっており，その結果，エネルギーは両系の間で実効的に流れていないように見える，ということである．この状態を「熱平衡」とよび，そのときの温度を

$$T = T_1 = T_2 \quad (11.47)$$

で定義することにする．

11.4.2 エネルギーの流れと温度

次に，$\Omega^{\text{tot}}(E_1:E)$ の最大値からずれた値をもつ E_1 を考えてみよう．例として，熱平衡からずれている場合

$$\frac{\partial}{\partial E_1} \ln \Omega^{\text{tot}}(E_1:E) > 0 \tag{11.48}$$

を調べる（負の場合には以下の論理を反転させればよい）．ここでは，E_1 を増やすと（したがって E_2 を減らすと），$\Omega^{\text{tot}}(E_1:E)$ が増加することを意味する．系全体は，実現可能性の大きい方向に（自発的に）変化していくと考えられるから（つまり，そうやって平衡に向かおうとするから），逆にいうと，エネルギーが系 2 から系 1 に移動しているということになる．このとき，

$$\begin{aligned}
&\frac{\partial}{\partial E_1} \ln \Omega_1(E_1) - \frac{\partial}{\partial E_2} \ln \Omega_2(E_2) \\
&= \frac{1}{k_B T_1} - \frac{1}{k_B T_2} > 0
\end{aligned} \tag{11.49}$$

なので，

$$T_2 > T_1 \tag{11.50}$$

が実現されている．つまり，系 2 のほうが温度が高い．

以上をまとめると，「エネルギーは，温度が高い部分系から低い部分系に流れる」という経験則を再現していることになる．厳密に言うと，「温度が高い部分系から低い部分系にエネルギーが流れる実現可能性が（圧倒的に）高い」という論理である．要は詳細な力学の問題ではなく，蓋然性（起きることの確からしさ）の問題である．

問題 11.4.1 「自発的に変化する」という表現の物理的意味合いを考えよ．「自発的に」とは，数式ではどのように表現できるだろうか？

11.5 マクスウェル–ボルツマン分布再訪

以前に「エネルギー原理」を使って

$$f(E) = f(0)e^{-E/kT} \tag{11.51}$$

を導いた．この場合，系は「単一の系」を考えた．図 11.3 の接触部分系を使って再考してみよう．ここで，系 1 は小さく，そのエネルギー E_1 は全エネ

11.5 マクスウェル-ボルツマン分布再訪

ギー E に比べて非常に小さいものとする（大きな恒温槽の中の小さい試験管のイメージ）．つまり，

$$E_1 \ll E, \qquad E_2 \simeq E \tag{11.52}$$

を満たす系を想定する．

さて，

$$P(E_1 : E) = \Omega_1(E_1)\Omega_2(E_2) = \Omega_1(E_1)\Omega_2(E - E_1) \tag{11.53}$$

は全エネルギー E の下で，系 1 がエネルギー E_1 を持つ確率に比例する．いま，大きいほうの系 2 のエントロピーに注目する．

$$S_2(E_2) = k_B \ln \Omega_2(E - E_1). \tag{11.54}$$

ここで，エネルギー E_1 を平衡でのエネルギー E_1^* から測ることにして，

$$E_1 = E_1^* + \Delta E_1$$

および

$$\begin{aligned} E_2 &= E - (E_1^* + \Delta E_1) \\ &= E_2^* - \Delta E_1 \end{aligned} \tag{11.55}$$

としておく．ここで，平衡時における系 2 のエネルギーを E_2^* とした．すると

$$\begin{aligned} k_B \ln \Omega_2(E_2) &= k_B \ln \Omega_2(E_2^* - \Delta E_1) \\ &\simeq k_B \ln \Omega_2(E_2^*) - k_B \left(\frac{\partial}{\partial E_2} \ln \Omega_2(E_2^*) \right) \Delta E_1 \\ &= k_B \ln \Omega_2(E_2^*) - \frac{1}{T} \Delta E_1. \end{aligned} \tag{11.56}$$

ここで，T は，系 2（恒温槽）の平衡温度である．この式から，$\Omega_2(E - E_1)$ を逆算すると

$$\Omega_2(E_2) \simeq \Omega_2(E_2^*) \exp\left[-\frac{1}{k_B T} \Delta E_1 \right] \tag{11.57}$$

$$= e^{S_2(E_2^*)/k_B} \exp\left[-\frac{1}{k_B T} \Delta E_1 \right] \tag{11.58}$$

が得られる．これを $P_1(E_1)$ に代入すると

$$P(E_1:E) = e^{S_2(E_2^*)/k_B} \Omega_1(E_1) \exp\left[-\frac{1}{k_BT}(E_1-E_1^*)\right]$$
$$= \exp\left[\frac{S_2(E_2^*)}{k_B} + \frac{E_1^*}{k_BT}\right] \Omega_1(E_1) \exp\left[-\frac{1}{k_BT}E_1\right] \quad (11.59)$$

が得られる．この式で，$\exp\left[\frac{S_2(E_2^*)}{k_B} + \frac{E_1^*}{k_BT}\right]$ は系 2 の恒温槽（熱浴）の性質と温度によって決まってくる定数．一方，部分系 1 のエネルギー E_1 を変数とする部分

$$\Omega_1(E_1) \exp\left[-\frac{1}{k_BT}E_1\right] \quad (11.60)$$

は，重みつき，つまり縮重度がついたボルツマン分布に他ならない．大きな熱浴にさらされた小さな部分系において，出現する状態の確率は，式 (11.60) が主張するように，状態密度をかけた指数関数分布になる，ということである．

■注意　式 (11.60) が E_1 についての指数関数だからといって，$P(E_1:E)$ が E_1 について指数関数的に減少するということを意味しているわけではない．上で見たように，通常は，$P(E_1:E)$ は E_1 に関して単峰の関数になっている．この指数関数依存性は $\Omega_2(E_2)$ の小さなゆらぎの部分からきており，系 2 が系 1 にエネルギーを ΔE_1 を与えると，平衡エネルギーの周りでは，系 2 の状態密度が指数関数的に減少する（式 (11.57)）ということをいっている．

11.6　部分系が経験するゆらぎ

最後に，平衡からのずれについて少し述べておこう．熱浴の中に部分系 1 が置かれていて，ある瞬間にエネルギー E_1 を持っているものとしよう．この系が熱浴と熱平衡に達したときには，系 1 のエネルギーは E_1^* を持つものと仮定する．系 1 のエントロピーは

$$S_1 = k_B \ln \Omega(E_1) = \exp\left[\frac{S(E_1)}{k_B}\right] \quad (11.61)$$

だから，状態密度は

$$\begin{aligned}
\Omega(E_1) &= \exp\left[\frac{S(E_1)}{k_B}\right] \\
&\simeq \exp\left[\frac{S(E_1^*)}{k_B} + \frac{1}{k_B}S'(E_1^*)(E_1 - E_1^*)\right] \\
&= \Omega(E_1^*) \times \exp\left[\frac{1}{k_B}S'(E_1^*)(E_1 - E_1^*)\right]
\end{aligned} \qquad (11.62)$$

と近似できる．ここで，

$$\exp\left[\frac{1}{k_B}S'(E_1^*)(E_1 - E_1^*)\right] = \exp\left[\frac{1}{k_B}\frac{1}{T}(E_1 - E_1^*)\right] \qquad (11.63)$$

は，平衡からのずれ（ゆらぎ）の効果を表している．整理すると，

$$\ln \Omega(E_1) - \ln \Omega(E_1^*) = \ln \frac{\Omega(E_1)}{\Omega(E_1^*)} \simeq \frac{1}{k_B T}(E_1 - E_1^*) \qquad (11.64)$$

と書かれる．

これから，

$$\begin{cases} \Omega(E_1) > \Omega(E_1^*) \quad [S(E_1) > S(E_1^*)] \quad if \quad E_1 > E_1^* \\ \\ \Omega(E_1) < \Omega(E_1^*) \quad [S(E_1) < S(E_1^*)] \quad if \quad E_1 < E_1^* \end{cases} \qquad (11.65)$$

が成り立つ．もともと，この条件で議論を始めていたから当然と言えば当然だけれども（図 11.3 参照），この結果は，系 1 のエネルギーが平衡時のそれよりも高ければ，状態密度が小さい方向（あるいはエントロピーが減少する方向）に，状態が移動する，ということを意味している．

11.7　自由エネルギーについての「エネルギー原理」

離散系での縮重度つきの離散状態に対する分布関数

$$\begin{aligned}
f(E_i) &= cg_i e^{-E_i/kT} \\
&= c\exp\left[-\frac{E_i - kT \ln g_i}{k_B T}\right]
\end{aligned} \qquad (11.66)$$

は，連続変数のエネルギーに対して

$$f(E) = \Omega(E)\exp\left(-\frac{E}{k_B T}\right)$$
$$= \exp\left[-\frac{E - k_B \ln \Omega(E) T}{k_B T}\right]$$
$$= \exp\left[-\frac{E - TS}{k_B T}\right] \tag{11.67}$$

と拡張されることがわかった.

ここで,
$$A = E - TS \tag{11.68}$$

を定義しよう.このAを自由エネルギー(ヘルムホルツのA関数)という.

このように,重み($\Omega(E)$)がつく分布では,エネルギー単独では「エネルギー原理」を満たさない.しかし,分布関数をAの関数として見直すと,つまり
$$f(E) \to f(A) \tag{11.69}$$

とすると,fはAの値についてエネルギー原理を満たすのである.つまり,
$$\frac{f(A_2)}{f(A_1)} = g(A_2 - A_1). \tag{11.70}$$

このようにして,自由エネルギーを使えば,その分布は,自由エネルギーの差だけで決まってしまうということになる(自由エネルギーは温度の関数にもなっていることに注意しよう).このように自由エネルギーは,熱力学にとって極めて重要な量なのである.しかし,エネルギーと自由エネルギーには重要な違いがあって,エネルギーが保存するのに対して,自由エネルギーは保存量ではないということである.

第12章
確率と情報とエントロピー

　この章では，確率の視点からもう少しエントロピーを考えてみよう．

12.1　エントロピーの不定性と熱力学第三法則

　状態数 $\Gamma(E)$ や状態密度 $\Omega(E)$ は，測るモノサシが異なれば値が違ってくる．たとえば，$\Omega(E)$ を

$$\Omega(E) \longrightarrow \Omega(E)/c \tag{12.1}$$

となるような単位 c で $\Omega(E)$ を測ったとする．この変換でエントロピーは

$$S = k_B \ln \Omega(E) \longrightarrow S' = k_B \ln \Omega(E) - k_B \ln c \tag{12.2}$$

となるだけで，その意味内容は変わらず，定数分だけずれることになる．このように，エントロピーにはエネルギーと同じように定数だけの不定性があることがわかる．したがって，増えたか減ったかという「差」が意味のある量になっている．それでは，この定数 $-k_B \ln c$ をどのように決めておくのが「便利」であろうか？　極端な例だと，式 (12.2) における $k_B \ln c$ が大きな値であれば，エントロピーは負の値ですらとりうる．

　そこで，温度「絶対零度」において，どの物質も 100% 基底状態に陥るものと仮定する．また，基底状態では縮重をしていない物質（結晶）が存在するものとする．実際そのような物質は，普遍的に存在する（もちろん，対称性のために，縮重が解けない物質も存在する）．そのような縮重のない物質で，絶対零度におけるエントロピーがゼロになるように原点を定めれば，どの温度にあるすべての物質も，エントロピーは正の値にとることができる．これを，逆の形で表現すると，「縮重のない結晶において，絶対零度では，エントロピーはゼロである」となる．トートロジーのように見えるが，実際にはエントロピーの尺度の原点を決める話である．これを熱力学第三法則という．

12.2 エントロピーありき？

第 11 章では，エントロピーを式 (11.14) や (11.61) で定義した．まず，エネルギー E が与えられたときの状態密度あるいは状態数が与えられていて，それを示量変数に書き換える装置としてエントロピーが登場した．

今度は，逆に，系がエネルギーを受け入れる際のキャパシティを定量化するための量として，エントロピーというものがあるとする．我々はそれが何であるかは知らないのだが，系が 2 つよれば，それらの属性としてのエントロピーを足せば，全体系の「エネルギーを受け入れるキャパシティ」になるものとしよう．そして，このキャパシティがエントロピーだけで決まっているとする．

ここで，視野を少し広げて，「エネルギーを受け入れるキャパシティ」を「与えられたエネルギーでその状態が起きる確率」と読み替えることにしよう．直感的には，明らかだが，後でもう少し詳しく議論する．さらに，「ある状態が起きる確率」は，エネルギーにさえ無関係に決めることができる現象もいくらでもある．サイコロを振る場合の特定の目が出る頻度などはこの例である．

さて，「エネルギーを受け入れるキャパシティ」や「ある状態が起きる確率」が，エントロピーだけで決まるものと仮定しよう．エントロピーも，上で述べたように，基本的には原点が決まらない量であり，差だけが本質的なモノサシであると考えることができる．すると，10.1 節で考えたエネルギー原理と同じ論理が使えることがわかる．つまり，

$$\frac{\Omega_2}{\Omega_1} = g(S_2 - S_1) \tag{12.3}$$

と表されて，

$$\Omega_i = c \exp(aS_i) \tag{12.4}$$

というように書かれるに違いない．ここで定数 a は実際には

$$a = \frac{1}{k_B} \tag{12.5}$$

であることを我々は知っている．

ここまでで，読者は，話の順序を変えただけだと考えられたと思う．しかし，このように展開することによって，熱力学をより広いパースペクティブで考え直すことができるのである．それを以下に見ていく．

12.3 エントロピーの確率表現

12.3.1 部分系が持つエントロピー

ここまでのエントロピーは，状態密度を比較するために

$$S = k_B \ln \Omega(E)$$

で定義し，その大小関係を考えるというものであった．このような比較が意味を持つには，実は暗黙のうちに「考えている系の状態はすべて内部で繋がっており，そのどの部分も一様な頻度で訪れることができる」という仮定がなされている．つまり，実際に起きる力学現象の詳細は問題にしないということである．こうして，$\Omega(E)$ の「大きさ」だけを問題にしたのだ．

次に，2つの異なる独立の系を考え，それらが各々同じ大きさの状態密度をもっているものとする．しかし，今度は，それぞれの系において，状態は一様に繋がっておらず，互いに分断されたコンパートメント（部屋）に分かれているものとする．この場合には，部屋の数が多いほど，区別して選択することができる状態の数が多くなる．コンパートメントの数が多いということは（それらのエネルギーは同じだから）縮重度が大きくなっているということと同じである．このような状況を，どのようにエントロピーに反映させればよいだろうか？

今，1つ1つのコンパートメントの大きさがすべて同じで，$\Delta\Omega$ であったとする．単純に考えれば，全状態空間が

$$\frac{\Omega}{\Delta\Omega}$$

個に分割されている．エントロピーは相対的な量なので，$\Delta\Omega$ を単位にして測るということが考えられる．すなわち，

$$S = k_B \ln \frac{\Omega}{\Delta\Omega} = k_B \ln \Omega - k_B \ln \Delta\Omega \tag{12.6}$$

とする．これは，$\Delta\Omega$ に基づくエントロピーに比べて，Ω の系のエントロピーがどれだけ大きくなっているかという，相対的な量になっている．つまり，Ω が大きければ S も大きくなるのだし，$\Delta\Omega$ が小さくなっても，系の取りうる状態の数が大きくなるのだから，S が大きくなる．全体のエントロピーはそれらの間の兼ね合いで決まるというわけである．

この相対的な量について，今度は，それぞれ $\Delta\Omega$ の大きさの部分系の方に

注目する．すると，

$$S = -k_B \ln \frac{\Delta\Omega}{\Omega} \tag{12.7}$$

ということになり，与えられた全系の中で部分系がとるエントロピーの値と解釈できる．

次に，部分系に名前を付け，その大きさもそれぞれ異なるものとする．すると，式 (12.7) の自然な拡張として，

$$S_i = -k_B \ln \frac{\Delta\Omega_i}{\Omega} \tag{12.8}$$

という量を考えることができる．これは，探している状態が全系 Ω の中のどこかには存在していることがわかっているときに，さらに部分系 i を特定するために要する手間（複雑さ）と考えることができる．これを，部分系 i のエントロピーとよぶことにしよう（もう一度確認すると，ここでは問題が変換されている：Ω の大きさを問題にするのではなく，部分系を探し出すための複雑さを問題にしている）．

ここで，$\Delta\Omega_i/\Omega$ は，部分系を状態 i に見出す確率だから，

$$p_i = \frac{\Delta\Omega_i}{\Omega} \tag{12.9}$$

と定義して

$$S_i = -k_B \ln p_i \tag{12.10}$$

と書き直すことができる．

12.3.2　平均エントロピー

部分系 i が存在確率 p_i で，系全体にもたらす複雑さの尺度としてのエントロピーが S_i ならば，すべての部分系からくる複雑さの平均（期待値）は，

$$\begin{aligned}
\langle S \rangle &= \sum_{i=1} p_i \left(-k_B \ln p_i \right) \\
&= -k_B \sum_{i=1} p_i \ln p_i
\end{aligned} \tag{12.11}$$

と評価できるだろう．このエントロピーの平均は，系全体が内包する複雑さなので，これを全体のエントロピーと定義しなおすことも可能である．

式 (12.11) の連続変数への拡張は，

$$\langle S \rangle = -k_B \int dx\, p(x) \ln p(x) \tag{12.12}$$

である.

12.4 シャノンのエントロピーと情報量

12.4.1 情報量と記憶装置の数

　ここで，情報量とその数学的表現について考えてみよう．「情報量が多い」とは，「いろんなことを知っている」という曖昧で通俗的な意味ではなく，物質や状態の集合において，個々の特徴を弁別して，それと指定する（再現する）ことができるために必要な「記憶媒体として準備しておくべき容量」のことである．たとえば，人が4人いて，目の色が「黒と茶色」だけの場合より，「黒と茶色と緑と青」の場合のほうが，大きい記憶容量が必要である．したがって，たとえば，ある人に関して情報量が多いということは，確定していない属性が沢山あって単純ではない，ということである．知識が一意的に確定できないという言い方もできる．情報エントロピーは，属性を特定するために必要な準備量を一般化した概念である．

　たとえば，1台当たり，3色 (RGB) のランプを持つ装置があるとすると，この装置2台で，9通りの区別（識別）を生み出すことができる．逆に N 通りの識別をしようと思うと，

$$\ln_3 N \tag{12.13}$$

台の装置（記憶容量）が必要である.

　世界に120の都市があって，ヨーロッパに60，アジアに30，アメリカ大陸に20，アフリカ大陸に10，あるものとしよう（それ以外は考えない）．ある人がいて，その人の出身地を1つの都市の名前まで特定しようとすると，上のRGB装置が

$$\ln_3 \frac{120}{1} = -\ln_3 \frac{1}{120}$$

台必要である．しかし，これらの120の都市のどれでもよいということであれば，そのために装置を用意する必要はなくて

$$\ln_3 \frac{120}{120} = 0$$

でよい．その人の出身地がヨーロッパかヨーロッパではないかということで分

けようと思えば，

$$\ln_3 \frac{120}{60} = -\ln_3 \frac{60}{120}$$

台の装置でよい．また，アフリカにある都市だがそれ以上は特定しない，ということならば，都市の全体集合をもっと細かいグループに分けて

$$\ln_3 \frac{120}{10} = -\ln_3 \frac{10}{120}$$

まで装置を用意して区別する必要がある．

以上の例に使った数式について，それぞれの右辺の対数関数に中に書かれた分数は，それぞれの大陸に見出される都市の確率である．以上を一般的に考えて，出現確率が p_i であるグループを特定するためには，

$$-\ln_3 p_i$$

の記憶容量が必要だという形式的な言い方ができる（装置の台数という言い方をしたが，もはや整数ではない）．

ここで，RGB の要素を持つ装置を使ったが，普通は on か off かの 2 値の装置を使うことが多い（現在使われているデジタル電子計算機がそうである）．その場合には

$$-\ln_2 p_i$$

とすれば台数の換算ができる．したがって，通常，対数の底をあらわには書かないで，単に

$$-\ln p_i$$

とする．

実際には，それぞれのグループ i について，異なる出現確率が与えられるので，必要な記憶装置の台数はそれらの平均値，すなわち

$$S_C = \sum_i p_i \left(-\ln p_i\right) = -\sum_i p_i \ln p_i \tag{12.14}$$

と評価すればよいことがわかる．これをシャノン (Shannon) の情報エントロピーという．シャノンのエントロピーは，必要な記憶装置の多寡というモノサシで，系の複雑さを表したことになっている．

問題 12.4.1 考えられる状態が N 通りあって，それぞれの状態に出現確率 p_i ($i=1,2,\cdots,N$) が与えられるとする．このとき，シャノンのエントロピーが最大になるのは，完全に一様な分布

$$p_i = \frac{1}{N}$$

が実現されているときであることを示せ．

12.4.2 平均エントロピーとシャノンのエントロピー

シャノンのエントロピー，式 (12.14) を，確率のエントロピー，式 (12.11) と比べると，かかっている係数だけが異なっているだけで，それ以外は完全に一致している．このようにして，我々は，エントロピーの新しい考え方を手に入れたことになる．

情報理論と熱力学が手を結んだ瞬間であって，その後，Brillouin や Jaynes らによって，熱力学に新しい考え方が吹き込まれていく．

12.5 最大エントロピー原理：モードの温度

様々な状態が存在する系（たとえば量子化された振動状態を持つ分子）において，ある物理量 $f^{(k)}$ の観測をしたところ，平均値

$$\sum_{i=1} f_i^{(k)} p_i = \left\langle f^{(k)} \right\rangle \tag{12.15}$$

が得られたとしよう．p_i はこの観測に関わった i 番目の状態の存在確率，$f_i^{(k)}$ はその状態がもつ物理量である．ただし，

$$\sum_{i=1} p_i = 1 \tag{12.16}$$

である．i 番目の振動状態を考え，その状態の存在確率が p_i，その振動エネルギーが $f_i^{(k)}$ で，測定されたのは平均振動エネルギー，というような状況を考えて欲しい．式 (12.15) において，左辺の平均値としての値は確定しているが，それを再現することができる $\{p_i | i=1,2,\cdots\}$ の組み合わせは無数にある．規格化の式 (12.16) を入れても条件は 2 個しかない．このとき，適切に $\{p_i | i=1,2,\cdots\}$ の値を推定する方法はなんであろうか？

この推定の過程で，観測者は特定の状態について特別な情報を何も持ち合わせていないものとする．つまり，どの 1 つの状態にも，「肩入れ」をして評価する理由がない（バイアスがかからない）ものとする．どの状態の確率も特

別大きくしたり小さくしたりすることなく，どんな可能性も排除しないという自然な仮定を持ち込むのである．それは，式 (12.15) と (12.16) の条件の下に，$\{p_i|i=1,2,\cdots\}$ を識別するための情報量を最大にしておくということと同等である（どんな分布の組み合わせの可能性にも対応できるように，記憶装置として最大のものを用意しておく，という言い方に対応する）．

そこで，情報エントロピー

$$S = -\sum_i p_i \ln p_i \tag{12.17}$$

を持ちだして，それを式 (12.15) と (12.16) の条件の下に最大化する：

$$-\delta p_i \ln p_i - p_i \frac{1}{p_i}\delta p_i + \lambda \delta p_i + \lambda_k f_i^{(k)} \delta p_i = 0. \tag{12.18}$$

ここで，λ と λ_k はラグランジュ (Lagrange) の未定乗数である（ラグランジュの未定乗数法については，巻末の補遺 C.6 を参照していただきたい）．この式は簡単に解けて

$$p_i = \exp\left[-(\lambda-1) - \lambda_k f_i^{(k)}\right] \tag{12.19}$$

という指数関数分布が得られる．すると，λ_k は「温度」の逆数に対応することがわかる．

観測する物理量が複数であっても，

$$p_i = \exp\left[-(\lambda-1) - \sum_k \lambda_k f_i^{(k)}\right] \tag{12.20}$$

と拡張しておけばよい．このようにして，また，指数関数分布が得られた．これを，最大エントロピー原理という．

問題 12.5.1 式 (12.20) を導け．

12.6 情報欠損と重みつきボルツマン分布

次の著名な交換反応

$$F + HBr \rightarrow HF(\varepsilon_i) + Br \tag{12.21}$$

において，エネルギーを一定にして衝突させて，生成物 HF の振動エネルギーの分布を測定することができる（図 12.1 を見よ）．

12.6 情報欠損と重みつきボルツマン分布

このとき，生成物においてエネルギーは，振動のほか，回転（HF自身の回転と，HFとBrの間の相対的な回転の2種類ある）と相対的な並進のモードに分配される．そこで，全エネルギー E において，振動モードが ε_i なるエネルギーをもつ状態の状態密度を $\Omega_v(\varepsilon_i; E)$ で表すこととする．注意してほしいのは，振動モードが ε_i をもつとき他のモードは許されるどのような値をとっても構わず，それらのすべてを含めて状態密度を考えるものとする．すると，分子が振動エネルギー ε_i をもつ確率は

$$p_i^0 = \frac{\Omega_v(\varepsilon_i; E)}{\Omega(E)} \tag{12.22}$$

である．実験をすると，未知ではあるが，実際の分布 p_i に従っているはずである．そのエントロピーは，

$$S = -\sum p_i \ln p_i \tag{12.23}$$

である．一方，統計計算によって期待される状態密度に由来するエントロピーは，

$$-\ln p_i^0 \tag{12.24}$$

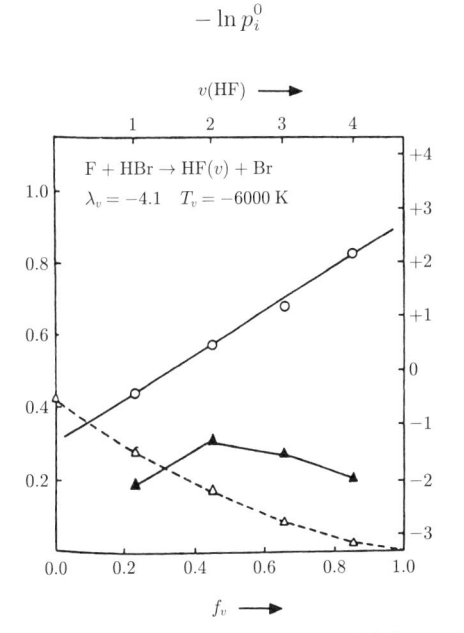

図 **12.1** 反応 $F + HBr \rightarrow HF + Br$ における生成物 HF 分子の振動エネルギー分布

なので，平均すると

$$S^0 = -\sum p_i \ln p_i^0 \tag{12.25}$$

である（S^0 の解釈は難しい．人間が確率計算をして求めた値（p_i^0）をもとに各状態のエントロピーを求め，真実の確率（未知）p_i を使って平均した平均エントロピーが S^0 である）．ここでは，まだ p_i はわかっていないので，S^0 も未知のままである．このとき，差

$$\Delta S = S^0 - S = \sum p_i \ln \frac{p_i}{p_i^0} \tag{12.26}$$

を情報欠損量という．詳細な力学が働いているはずのこの系の真のエントロピー (S) は，理論的に予測される値 (S^0) よりは減少している，と考える．しかし，理論で予測した値は「でたらめ」ではなく，現象が発現しうる際のエントロピーの1つの上限を与えていると考えてもよいであろう．すると，ΔS も1つの上限をもつと考えたくなる．これを変分問題だと理解し直して，この欠損量が最小になるように p_i を，たとえば，

$$\sum p_i \varepsilon_i = \langle \varepsilon \rangle \tag{12.27}$$

の条件の下で決めると

$$\frac{p_i}{p_i^0} = \exp(-\lambda \varepsilon_i) \tag{12.28}$$

となる．Levine らは，このような論法で，式 (12.28) を導いた．実際，非常に多くの実験事実が，この式に符合する．これを Linear Surprisal という．

この理論では，λ の値を理論的に予測できないなど，いくつか難点がある．しかし，式 (12.28) を式 (12.22) を使って書き直せば

$$p_i = \frac{1}{\Omega(E)} \Omega_v(\varepsilon_i; E) \exp(-\lambda \varepsilon_i) \tag{12.29}$$

となって，状態密度を考慮したボルツマン分布が再現されていることがわかる．ただし，ここでの温度 ($1/\lambda$) はもはやボルツマン温度ではないことに注意すべきである．負の温度も出てくるし，一般に，振動や回転などの異なった運動モードに対して異なった λ が算出される．

以上のように，化学反応の動力学過程に最大エントロピー原理や情報欠損量を持ち込んだアイデアを読者はどのように評価されるであろうか？　論理が倒錯していて，動力学過程の詳細な解析を通して，最大エントロピー原理の可能

性と限界を調べる，というのが本筋だと思われる人も多いであろう．動力学研究の最前線で，統計性とはなにかという問いかけ，非平衡統計力学の建設，という課題が表に出てくる場面である．

第13章
分配関数

13.1 エネルギーから温度へ

ここまでは，状態 (i) を個別に特定し，そのエネルギー (E_i) が与えられ，それに属する状態空間の大きさ ($\Omega(E_i)$) が与えられているときに，それらの分布を考えた．ここに小正準集合 (microcanonical ensemble) というエネルギー一定の閉じた系を導入し，温度を考えた．ここで温度は，理想気体の運動エネルギーと関係づけられるものの，「導かれた量」(エントロピーのエネルギー微分の逆数) としての役割を果たしていた．

しかし，理論的な構成とは別に，実際には，系にエネルギーを注入するにせよ，取り出すにせよ，実験を行う場合には，エネルギーではなく温度が実験を指定する主要なパラメータになることが多い．この場合には，エネルギーやエントロピーは，温度が与えられた分布関数から，「平均値」として算出される．温度は簡単に測れても，個別の状態のエネルギー配分量などはわからないことが多い．熱力学では，特にそうである．こういう状況では，温度で指定された分配関数が重要な役割を果たすことになる．

13.2 分配関数：離散系

量子系（離散系）の分配関数

$$Z(T) = \sum_i g_i \exp\left(-\frac{E_i}{k_B T}\right) \tag{13.1}$$

に戻って，その有用性を再検討しよう．ここでは，縮重度が1でない場合も，個別にすべての状態について数えていくことにする．したがって，$g_i = 1$ として扱う．

さて，状態が i 番目の準位に見出される確率 p_i は

$$p_i = \frac{\exp(-E_i/k_B T)}{\sum_j \exp(-E_j/k_B T)} = \frac{\exp(-E_i/k_B T)}{Z} \tag{13.2}$$

である．これを使ってエネルギーの平均値を計算すると，手順としては

$$\bar{E} \equiv \langle E \rangle = \sum_i E_i p_i \tag{13.3}$$

でよい．

一方，式 (13.2) は

$$\ln p_i = -\frac{E_i}{k_B T} - \ln Z \tag{13.4}$$

と変形できる．両辺に $-p_i$ をかけ，状態について和をとると

$$-\sum_i p_i \ln p_i = \frac{1}{k_B T} \sum p_i E_i + \ln Z \sum p_i \tag{13.5}$$

となるが，左辺は確率的エントロピー

$$S = -k_B \sum_i p_i \ln p_i \tag{13.6}$$

だから，式 (13.3) と確率の規格化条件を使って，

$$\frac{S}{k_B} = \frac{\bar{E}}{k_B T} + \ln Z \tag{13.7}$$

が得られる（S は $\langle \bar{E} \rangle$ の関数）．

これを分配関数について解くと，

$$\begin{aligned} Z &= \exp\left[-\frac{\bar{E}}{k_B T} + \frac{S}{k_B}\right] = \exp\left[-\frac{1}{k_B T}(\bar{E} - TS)\right] \\ &= \exp\left[-\frac{1}{k_B T} A\right] \end{aligned} \tag{13.8}$$

となる．この A

$$A = \bar{E} - TS \tag{13.9}$$

をヘルムホルツの A 関数または自由エネルギーという．

まとめると，

$$\begin{aligned} Z &= \sum_i g_i \exp\left(-\frac{E_i}{k_B T}\right) = \exp\left[-\frac{\bar{E} - TS}{k_B T}\right] \\ &= \exp\left(-\frac{A}{k_B T}\right), \end{aligned} \tag{13.10}$$

あるいは

$$A = -k_B T \ln Z \tag{13.11}$$

が得られた．こうして，個別のエネルギー準位の情報がわからなくても，分配関数が何らかの形で書き下すことができれば，平均エネルギー ($\langle E \rangle$)，エントロピー，自由エネルギー (A) が温度の関数として与えられることがわかった．

問題 13.2.1 式 (13.9) の A と式 (11.68) の A を比べよ．

13.3 分配関数から平均エネルギーと（平均）エントロピーを求める

今までは分配関数を作る作業をしてきた．今度は，分配関数が閉じた形で，ある関数形をもって与えられているとする．つまり，

$$Z(T) = \exp(-(\bar{E} - TS)/k_B T) = \exp(-A/k_B T) \tag{13.12}$$
$$= \sum e^{-\beta E_i}. \tag{13.13}$$

ただし，

$$\beta = \frac{1}{k_B T}, \quad d\beta \equiv -\frac{dT}{k_B T^2}. \tag{13.14}$$

すると，$Z(T)$ から容易に平均エネルギーを求めることができる．まず

$$\frac{\partial Z}{\partial \beta} = -\sum E_i e^{-\beta E_i} \tag{13.15}$$

に注意して，

$$\therefore \langle E \rangle \equiv \bar{E} = -\frac{1}{Z}\frac{\partial Z}{\partial \beta} = -\frac{k_B T^2}{Z}\frac{dZ}{dT} = -k_B T^2 \frac{\partial}{\partial T} \ln Z \tag{13.16}$$

とすればよい．

次にエントロピーを求める．式 (13.12) から，

$$k_B \ln Z = -\frac{\bar{E}}{T} + S \tag{13.17}$$

なので，

$$S = k_B \ln Z + \frac{\bar{E}}{T} \tag{13.18}$$

が簡単に得られる．

13.4 等核2原子分子から成る気体の分配関数

10.5.1, 10.5.2, 10.5.3 の各項で,並進,回転,振動モードの分配関数を作った.今度は,作る過程を忘れて,分配関数がそれぞれ次のように与えられているとする.

$$z_{trans}(T) = \frac{1}{h^3}(2\pi m k_B T)^{3/2} V \tag{13.19}$$

$$z_{rot}(T) = \frac{8\pi^2}{h^2} I k_B T \tag{13.20}$$

$$z_{vib}(T) = \frac{e^{-\frac{1}{2}h\nu/k_B T}}{1 - e^{-h\nu/k_B T}}. \tag{13.21}$$

このとき,体積 V の箱に入った N 個の分子集団全体の分配関数は,

$$Z(T) = \frac{1}{N!}\left[z_{trans}(T) z_{rot}(T) z_{vib}(T)\right]^N \tag{13.22}$$

で表すことができる.これは,全体の分配関数は独立事象(独立モード)の分配関数の直積で表現できるからである.$1/N!$ がかかっているのは,分子が区別できないことからきている.このようにして,ミクロな力学的情報からマクロな統計量を計算するための道筋ができた.

問題 13.4.1 これから,平均エネルギーとエントロピーを各モードについて計算せよ.たとえば振動の場合,

$$\frac{1}{N!} z_{vib}(T)^N \tag{13.23}$$

を使って計算せよ.

13.5 分配関数:古典力学の一般形

分配関数の中身を,エネルギーが連続変数の場合について考えてみよう.定義に従って,分配関数は

$$Z(T) = \int d\vec{Q} d\vec{P} \exp\left[-\frac{\mathcal{H}(\vec{Q}, \vec{P})}{k_B T}\right] \tag{13.24}$$

である.ここで,$\mathcal{H}(\vec{Q}, \vec{P})$ は古典力学ハミルトニアンであり,$(\vec{Q}, \vec{P})$ は位相空間を表す.この式に

$$\int dE\, \delta(E - \mathcal{H}(\vec{Q}, \vec{P})) = 1$$

を挟むと

$$Z(T) = \int dE \int d\vec{Q} d\vec{P}\, \delta(E - \mathcal{H}(\vec{Q}, \vec{P})) \exp\left[-\frac{H(\vec{Q}, \vec{P})}{k_B T}\right]$$

$$= \int dE \exp\left[-\frac{E}{k_B T}\right] \int d\vec{Q} d\vec{P}\, \delta(E - H(\vec{Q}, \vec{P}))$$

$$= \int dE\, \Omega(E) \exp\left[-\frac{E}{k_B T}\right] \tag{13.25}$$

となる．この形には見覚えがあるだろう．式 (13.1) と比較すると，$\Omega(E)$ が離散系における縮重度 g_i に対応し，状態に対する和が，エネルギー変数に関する積分になっている．逆に，式 (13.1) を出発点として，式 (13.24) が導かれるように，辿り直してもよい．

例によって，$\Omega(E)$ を，指数関数に持ち上げてやると

$$Z(T) = \int dE \exp\left(-\frac{E}{k_B T} + \ln \Omega(E)\right)$$

$$= \int dE \exp\left(-\frac{E}{k_B T} + \frac{1}{k_B} S(E)\right)$$

$$= \int dE \exp\left(-\frac{E - TS(E)}{k_B T}\right) \tag{13.26}$$

である．

13.6 分配関数とヘルムホルツの自由エネルギー

引き続き式 (13.26) の分配関数を考える．この積分の被積分関数は

$$\exp\left(-\frac{E}{k_B T}\right)$$

と

$$\exp\left(\frac{1}{k_B} S(E)\right)$$

の積である．エネルギー E の関数として，前者は急激にダンプし，後者は急速に大きくなる関数である．したがって，この 2 つの関数の積は，ある値で急峻なピークを持つ関数になっているはずである．それの最大値を与えるエネルギーを E^* としよう．すると，$Z(T)$ は

$$Z(T) \simeq \exp\left(-\frac{E^* - TS(E^*)}{k_B T}\right) \Delta E \tag{13.27}$$

と近似できるであろう．ここで，ΔE は E^* の周りのエネルギーの幅である．実効的な意味は持たない．

一般に，急峻で単峰な関数では，その最大値を与えるエネルギーと平均のエネルギーは近い値をとることが多い．つまり

$$E^* \simeq \frac{\int dE\, E \exp\left(-(E - TS(E))/k_B T\right)}{\int dE \exp\left(-(E - TS(E))/k_B T\right)} = \bar{E}. \tag{13.28}$$

少々粗い議論ではあるが，このようにして，

$$Z(T) = \exp\left(-\frac{\bar{E} - TS(\bar{E})}{k_B T}\right) \Delta E \tag{13.29}$$

と書けて，これをさらに

$$Z(T) = \exp\left(-\frac{A}{k_B T}\right) \Delta E \tag{13.30}$$

として，ヘルムホルツの自由エネルギーを定義するのである．ここで，ΔE は，定数であって，期待値を取る際の規格化で約分されて消えてしまうから，$\Delta E = 1$ だと思っておけばよい．すると，ここでも離散系と同様に

$$A = -k_B T \ln Z \tag{13.31}$$

としておけばよいことがわかる．

ここで，

$$S(\bar{E}) = k_B \ln \Omega(\bar{E}) \tag{13.32}$$

とすると

$$Z(T) = \Omega(\bar{E}) \exp\left(-\frac{\bar{E}}{k_B T}\right) \tag{13.33}$$

となり，個別のエネルギーではなく，平均エネルギー $\bar{E}$ に関するボルツマン分布の形状が現れた．

■**自由エネルギーの意味** 本来のエネルギーは $\bar{E}$ なのに，大きな状態空間を持つ系では，エネルギー自体が $\bar{E} - TS$ に下がっているように見えるということ．大きな空間に広がっている状態のエネルギーは，$TS(\bar{E})$ の分だけ，取り出して使うことが難しいということを意味している．

第14章
化学ポテンシャル

　ここまでは，エネルギーの流れ（出入り）が可能な系（正準集合，canonical ensemble）を考えてきた．それに伴って，温度が定義されたのだった．しかし，化学変化を考える場合を中心として，注目している系に物質（分子など）の流入，流出を考えなければならない場合がある．特に，化学反応系の平衡における生成物質の分布を定量的に予測するためには，必須である．ここからは，エネルギーの移動に加えて，物質の流れ（出入り）も可能な系を考えることにする．これを正準集合に対比させて大正準集合 (grand canonical ensemble) とよぶ．

14.1　粒子とエネルギーの出入りを許す集合の分布

　全系のエネルギーと粒子数をそれぞれ E と N_0 とし，その中に埋め込まれている部分系1のエネルギーと粒子数をそれぞれ E_1 と N_1 とする．全系から部分系1を除いた系を部分系2とし E_2 と N_2 を持つものとする．もちろん，全エネルギーと全粒子数は保存するものとするが，E_1 と N_1，E_2 と N_2 はすべて変数である．それぞれの部分系の状態密度を，Ω_1 と Ω_2 とする．ここでは，状態密度が，エネルギーの他，粒子数の関数にもなっている状況を考えている．全系の状態密度は，2つの系のそれの畳み込みになっているから，

$$\Omega(E, N_0) = \int_0^E dE_1 \int_0^{N_0} dN_1 \Omega_2(E-E_1, N_0-N_1)\Omega_1(E_1, N_1) \quad (14.1)$$

と拡張して書き直すことができる．粒子数は整数値であるから，この式では本来 $\int_0^{N_0} dN_1$ の積分は和として表現すべきであるが，N_1 が非常に大きな数であることを前提として，以下ではこのように積分で表記することにする．E と N_0 とがそれぞれ一定値の条件の下で，どのようなエネルギーと粒子配分が実現されるかは，例によって，式 (14.1) の被積分関数

$$\Omega^{\text{tot}}(E_1, N_1) = \Omega_1(E_1, N_1)\Omega_2(E-E_1, N_0-N_1) \quad (14.2)$$

の最大値を探せばよい．

ここでも，$\Omega^{\text{tot}}(E_1,N_1)$ 自身に代わって $\ln\Omega^{\text{tot}}(E_1,n)$ の最大値を探すことにする．その条件は，

$$\frac{\partial}{\partial E_1}\ln\Omega^{\text{tot}}(E_1,N_1) + \frac{\partial}{\partial N_1}\ln\Omega^{\text{tot}}(E_1,N_1)$$
$$= \frac{\partial}{\partial E_1}\ln\Omega_1(E_1,N_1) - \frac{\partial}{\partial E_2}\ln\Omega_2(E_2,N_2)$$
$$+ \frac{\partial}{\partial N_1}\ln\Omega_1(E_1,N_1) - \frac{\partial}{\partial N_2}\ln\Omega_2(E_2,N_2)$$
$$= \frac{1}{k_B T_1} - \frac{1}{k_B T_2} - \frac{\mu_1}{k_B T_1} + \frac{\mu_2}{k_B T_2} = 0 \tag{14.3}$$

である．ここで，物質の出入りがあっても，エントロピーを以前と同じように定義する，すなわち

$$S(E,N) = k_B \ln\Omega(E,N). \tag{14.4}$$

ここで E と N は一般的な変数としての，エネルギーと粒子数の変数である．温度は，物質の出入りがある場合でも，例によって

$$\frac{\partial}{\partial E}S(E,N) = \frac{1}{T} \tag{14.5}$$

と定義するのは同じであるが，

$$\frac{\partial}{\partial N}S(E,N) = -\frac{\mu}{T} \tag{14.6}$$

となる量 μ を新たに定義する．したがって，式 (14.3) では，

$$\frac{\partial}{\partial N_1}\ln\Omega_1(E_1,N_1) = -\frac{\mu_1}{k_B T_1} \tag{14.7}$$

となっている．この μ_1 を，部分系 1 の化学ポテンシャル (chemical potential) とよび，部分系 2 の化学ポテンシャルも同様に定義されている．化学ポテンシャルは，定義式から，エネルギーの出入りにおける温度の役割と類似の役割が期待される．

普通，エネルギーを一定の条件下で粒子数を増やすと，同じ全エネルギーでも組み合わせが多数になってきて，複雑さも増してくる．したがって，状態密度 $\Omega_1(E_1,N_1)$ が増加し，エントロピーも増加する．したがって，式 (14.6) の左辺は正の量であり，右辺にある化学ポテンシャル μ は一般に負の量ということになる．ちょうど，図 11.3 と同じように，$\Omega_1(E_1,N_1)$, $\Omega_2(E-E_1,N_0$

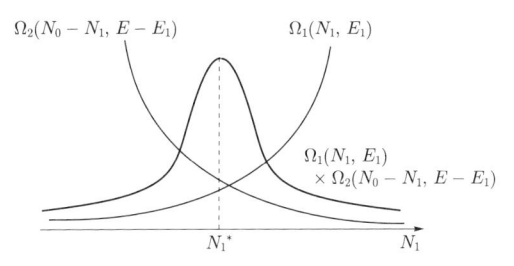

14.1 粒子とエネルギーの出入りを許す集合の分布　　157

図 14.1 大正準集合における状態密度 $\Omega_1(E_1, N_1)$, $\Omega_2(E - E_1, N_0 - N_1)$, $\Omega^{\mathrm{tot}}(E_1, N_1)$ の粒子数 N_1 への依存性（エネルギーは一定のままとする）

$- N_1)$, $\Omega^{\mathrm{tot}}(E_1, N_1)$ の N_1 についての依存性を図式的に描くと，図 14.1 のようになる．

■**化学ポテンシャルの意味**　式 (14.6) は，「温度が一定であれば，$(-\mu)$ は，粒子数が増えたときの，系の複雑さの増加の割合を表す」と読める．

さらに，μ の物理的意味は，式 (14.3) に戻って考えることができる．理解を助けるため $T_1 = T_2 = T$ の場合を考える．この条件のもとで

$$\frac{\partial}{\partial N_1} \ln \Omega^{\mathrm{tot}}(E_1, N_1) > 0 \tag{14.8}$$

という状況を考える．図 14.1 を見てほしい．式 (14.8) の条件は，「部分系 2 から粒子が流れ込んで部分系 1 に粒子数が増加すると，全系の状態密度が大きくなる，すなわち，実現確率が高くなる」という状況である．平衡

$$\frac{\partial}{\partial N_1} \ln \Omega^{\mathrm{tot}}(E_1, N_1) = 0 \tag{14.9}$$

を実現しているときの $N_1 = N_1^*$ とする．式 (14.8) の状態は，図 14.1 では，N_1^* の左側に（$N_1 < N_1^*$）に位置する点に相当する．すると

$$\frac{\partial}{\partial N_1} \ln \Omega^{\mathrm{tot}}(E_1, N_1) = -\frac{\mu_1}{k_B T} + \frac{\mu_2}{k_B T} > 0 \tag{14.10}$$

となるから

$$\mu_2 > \mu_1 \tag{14.11}$$

となっていなければならない．そして，N_1 は増加して N_1^* に近づく．したがって，「化学ポテンシャルの高い方（ここでは部分系 2）から低い方（ここで

は部分系1)へと物質が移動する」となるように定義がなされていたのだ,ということがわかる.

ここでもう一度,温度が分母に入っているのに対し,化学ポテンシャルは分子に入っていて,さらに定義式に負号が入り込んでいることに注意して欲しい.

14.2 化学ポテンシャルがある場合の分布関数と分配関数

物質の出入りがある場合の分布関数を拡張しておこう.ここでも,11.4.1項で行ったことを,正準集合の場合と同じように考えるのだが,条件が増えているので確認しておこう.2つの部分系に対して,

$$E_1 + E_2 = E$$
$$N_1 + N_2 = N_0$$
$$E_1 \ll E$$
$$N_1 \ll N_0$$

のもとで,平衡が達成されているとする.式 (14.3) を満たす E_1 と N_1 を,それぞれ,E_1^* と N_1^* とする.もちろん,

$$T_1 = T_2 = T \tag{14.12}$$

および

$$\mu_1 = \mu_2 = \mu \tag{14.13}$$

が成り立っているとする.ここで,系1がエネルギー E_1,粒子数 N_1 を持つ確率

$$P_1(E_1, N_1) = c\Omega_1(E_1, N_1)\Omega_2(E - E_1, N_0 - N_1) \tag{14.14}$$

を考える.定数 c によって,規格化されているものとする.E_1^* と N_1^* が式 (14.3) を実現する最大状態密度を与え,平衡点を与えている組み合わせだとしよう.その周りで,E_1 と N_1 の微小のずれを考える.すなわち

$$E_1 = E_1^* + \Delta E_1 \tag{14.15}$$

および

14.2 化学ポテンシャルがある場合の分布関数と分配関数

$$N_1 = N_1^* + \Delta N_1 \tag{14.16}$$

とする．大きな系と考えている部分系 2 の状態密度を平衡点の周りの小さな変動 ΔE_1 および ΔN_1 で展開すると，

$$\begin{aligned}
k \ln \Omega_2(E - E_1, N_0 - N_1) &= S_2(E - E_1, N_0 - N_1) \\
&\simeq S_2(E - E_1^*, N_0 - N_1^*) - \frac{\partial S_2}{\partial E}\Delta E_1 - \frac{\partial S_2}{\partial N}\Delta N_1 \\
&= S_2(E_2^*, N_2^*) - \frac{1}{T}\Delta E_1 + \frac{\mu}{T}\Delta N_1 \tag{14.17}
\end{aligned}$$

と近似できるから，

$$P_1(E_1, N_1) \simeq c e^{S_2(E_2^*, N_2^*)} \Omega_1(E_1, N_1) \exp\left[-\frac{\Delta E_1 - \mu \Delta N_1}{k_B T}\right] \tag{14.18}$$

と書くことができる．さらに，式 (14.15) と (14.16) により変数をもとに戻すと，

$$\begin{aligned}
P_1(E_1, N_1) &\simeq c e^{S_2(E_2^*, N_2^*)} \exp\left[\frac{E_1^* - \mu N_1^*}{k_B T}\right] \\
&\quad \times \Omega_1(E_1, N_1) \exp\left[-\frac{E_1 - \mu N_1}{k_B T}\right] \tag{14.19}
\end{aligned}$$

となる．この関数は，$e^{S_2(E_2^*, N_2^*)} \exp[(E_1^* - \mu N_1^*)/k_B T]$ が決められた定数であることを踏まえると，粒子数が変動する場合のボルツマン分布に対応する分布関数であって，形の上では，単に

$$E_1 \to E_1 - \mu N_1 \tag{14.20}$$

と変更したことに相当する．粒子数の変動が，エネルギーの増減量として変換されるという定式である．式 (14.18) にも，$\Omega_1(E_1, N_1)$ がかかっており，これも後にはエントロピーに変換し，エネルギーに相当する量に変換される．

問題 14.2.1 式 (14.19) の関数

$$P(E, N) \propto \Omega(E, N) \exp\left[-\frac{E - \mu N}{k_B T}\right] \tag{14.21}$$

において，E, T および μ が一定の条件のもとで N を大きくすると，$P(E, N)$ はどのように変化するか？

式 (14.21) の $P(E,N)$ の性質をさらに考えてみよう．この式は，もともと，平衡点 (E^*, N^*) から少し離れたときの分布のあり方を示したものであることを再確認しておこう．したがって，この式で E や N はそれぞれ E^* あるいは N^* が基準になっている量である（式 (14.15) と (14.16)）．$P(E,N)$ の指数関数の部分を見ると，温度が高いところで平衡になっている場合には，エネルギー E が大きいところでも，分布が大きいことを意味している．同様に，同じ温度ならば，μ が大きい値で平衡に達していれば（μ は負の値），同じように，N が大きいところでも分布が大きいことを表している．つまり温度が高いことと同じ効果をもたらすということである．これは，化学ポテンシャルの定義式 (14.6) からも読み解くことができる．これは，「温度が高いところから低いところにエネルギーが流れ，化学ポテンシャルの高いところから低いところに粒子の移動が起きる」ということと符合している．

14.2.1 大正準集合の分配関数

式 (14.19) で考えた確率分布関数

$$P(E,N) \propto \Omega(E,N) \exp\left(-\frac{1}{k_B T}(E - \mu N)\right) \tag{14.22}$$

の形から，式 (13.24) の類推で，物質の出入りがある場合にも，分配関数は次のように拡張すればよい．

$$Z(T,\mu) = \int dN \int d\vec{Q} d\vec{P} \exp\left(-\frac{\mathcal{H}_N(\vec{Q},\vec{P}) - \mu N}{k_B T}\right). \tag{14.23}$$

ここで，$\mathcal{H}_N(\vec{Q},\vec{P})$ は粒子数 $\mathcal{H}_N(\vec{Q},\vec{P})$ の系のハミルトニアンである．さらに進むために，ここでも恒等式

$$\int dE \delta(E - \mathcal{H}_N(\vec{Q},\vec{P})) = 1 \tag{14.24}$$

を式 (14.23) に挟み込んで，

14.2 化学ポテンシャルがある場合の分布関数と分配関数　　　161

$$\begin{aligned}
Z(T,\mu) &= \int dN \int dE \int d\vec{Q}d\vec{P} e^{-(\mathcal{H}_N(\vec{Q},\vec{P})-\mu N)/k_B T}\delta(E-\mathcal{H}_N(\vec{Q},\vec{P})) \\
&= \int dN \int dE e^{-(E-\mu N)/k_B T}\left[\int \delta(E-\mathcal{H}_N(\vec{Q},\vec{P}))d\vec{Q}d\vec{P}\right] \\
&= \int dN \int dE \Omega(E,N)\exp\left(-\frac{E-\mu N}{k_B T}\right) \\
&= \int dN Z_N(T)\exp\left(\frac{\mu N}{k_B T}\right) \quad (14.25)
\end{aligned}$$

と書き換える．ここで $Z_N(T)$ は粒子数が与えられたときの（正準集合の）分配関数であって，

$$Z_N(T) = \int dE \Omega(E,N)\exp\left(-\frac{E}{k_B T}\right) \quad (14.26)$$

である．既に定義した分配関数が，ここでは N のあらわな関数であることを明言しているだけである．式 (14.22) を見ると，エネルギー E

$$E - \mu N$$

に上昇したように考えたくなる（μ は負の値）．しかし，粒子数の変動とは関係ない物質固有の（粒子 N 個当たりの）分配関数 $Z_N(T)$ と $\exp(\mu N/k_B T)$ の部分を分けて考えたほうが便利なので，一般に式 (14.25) のように書かれる．

14.2.2　粒子数分布関数と平均値

式 (14.22) で，粒子 1 個当たりのエネルギー E を平均エネルギーにしておくと，式 (13.33) により，

$$P(\bar{E},N) = Z_N(T)\exp\left(\frac{\mu N}{k_B T}\right) \quad (14.27)$$

と書き換えられる．この右辺は，温度を変数にしているので，改めて，温度の関数としての粒子数分布関数という意味で $P(T,N)$ と書き直しておく．この分布関数は規格化されていないので，次のように規格化しておく．

$$\begin{aligned}
P(T,N) &= \frac{Z_N(T)\exp(\mu N/k_B T)}{\int dn Z_n(T)\exp(\mu n/k_B T)} \\
&= \frac{Z_N(T)\exp(\mu N/k_B T)}{Z(T,\mu)}. \quad (14.28)
\end{aligned}$$

もちろん，

$$\int P(T,N)dN = 1 \tag{14.29}$$

ということである．また，N に関する積分は，物理的に粒子数として取りうる値の下限と上限をもって積分の下限と上限とするものとする．T を固定したままで，取りうる粒子数の平均値 $\langle N \rangle$ を求めてみよう．それは，

$$\langle N \rangle = \int N P(T,N)dN \tag{14.30}$$

だから，

$$\begin{aligned}\langle N \rangle &= \frac{k_B T}{Z(T,\mu)} \frac{\partial}{\partial \mu} \int Z_N(T) \exp\left(\frac{\mu N}{k_B T}\right) dN \\ &= \frac{k_B T}{Z(T,\mu)} \frac{\partial Z(T,\mu)}{\partial \mu} \\ &= k_B T \frac{\partial}{\partial \mu} \ln Z(T,\mu) \end{aligned} \tag{14.31}$$

である．

問題 14.2.2 $\ln Z(T,\mu)$ は，μ に関して単調に増加する関数であることを示せ．

14.2.3 与えられた温度での最も確からしい粒子数分布

11.4.1 項で平衡温度を決めたが，それと類似の考え方で，分配関数から平衡点における自由エネルギーを求めてみよう．それは

$$Z(T,\mu) = \int dN Z_N(T) \exp\left(\frac{\mu N}{k_B T}\right) \tag{14.32}$$

において，被積分関数を最大にするような N を探すことから始まる（それを N^* とする）．つまり最も可能性が高い状態を実現する N から μ を評価する．式 (14.25) を見返してみよう．その被積分関数は，要するにボルツマン分布関数の総和である．したがって，N^* を見つけることは，一番実現確率の高い分布を探すことと同じである．以下では，温度は固定されているものとする．

式 (14.32) の被積分関数は，N が増加すると大きくなる関数 $Z_N(T)$ と小さくなる関数 $\exp(\mu N/k_B T)$ の積であり，N を変数として最大値を持つ．例によって，その最大値を，対数をとってから探す．すると，

14.2 化学ポテンシャルがある場合の分布関数と分配関数

$$\frac{\partial}{\partial N} \ln \left\{ Z_N(T) \exp\left(\frac{\mu N}{k_B T}\right) \right\} = \frac{\partial}{\partial N} \ln Z_N(T) + \frac{\mu}{k_B T} = 0 \quad (14.33)$$

という条件から

$$\mu = -k_B T \frac{\partial}{\partial N} \ln Z_N(T) \quad (14.34)$$

となるように N^* が与えられることがわかる．この関係式から，分配関数 $Z(T,\mu)$ をなぜ式 (14.25) の最後の行の形で表したか理解できる．さらに，式 (13.31) を思い出すと，式 (14.34) は

$$\mu = \left.\frac{\partial A_N}{\partial N}\right|_{N=N^*} \quad (14.35)$$

と書き直せる．つまり，化学ポテンシャルは，自由エネルギーの粒子数に関する微分で与えられる．言い換えれば，化学ポテンシャルは粒子数当たりの自由エネルギーである（モル数単位で自由エネルギーを測れば，1 モル当たりの自由エネルギーということになる）．

逆に，全体の $Z(T,\mu)$ は被積分関数が最大の値を使って

$$Z(T,\mu) \sim Z_{N^*}(T) \exp\left(\frac{\mu N^*}{k_B T}\right) \quad (14.36)$$

と近似できる（本来，数学的には鞍点法を使うが，ここでは，$Z_N(T)\exp(\mu N/k_B T)$ が N に関して鋭い単峰の分布をしていると仮定している）．すると，

$$k_B T \ln Z(T,\mu) \sim k_B T \ln Z_{N^*}(T) + \mu N^* \quad (14.37)$$

となるが，式 (13.11) から

$$k_B T \ln Z_{N^*}(T) = -A_{N^*} \quad (14.38)$$

なので，

$$k_B T \ln Z(T,\mu) \sim -A_{N^*} + \mu N^* \quad (14.39)$$

あるいは，

$$Z(T,\mu) \sim \exp\left[\frac{-A_{N^*} + \mu N^*}{k_B T}\right] \quad (14.40)$$

と書くことができる．ここでも，当然，$Z(T,\mu)$ は μ に関して単調に増加する形をしている（問題 14.2.2 を見よ）．

問題 14.2.3　式 (14.34) によって，μ が負の値であることを確かめよ．ついで，式 (14.35) によって，ヘルムホルツの A 関数（自由エネルギー）A_N が N とともに減少することを確かめよ．

14.3　気体の化学ポテンシャルとギブスの自由エネルギー

　ここまでの議論は，物質の相を特定せずにきたが，気体の場合には自由エネルギーの計算をさらに一歩進めることができる．体積 V の容器に理想気体粒子が増減しているものとする．粒子 1 個が箱の中にいるかぎり，その並進の分配関数は，式 (10.63) で考えた．それを $z_{\mathrm{trans}}(T)$ とする．一方，容器内理想気体全体の分配関数 $Z_{\mathrm{all}}(T)$ は，

$$Z_{\mathrm{all}}(T,\mu) = \int \frac{1}{N!} (z_{\mathrm{trans}}(T))^N \exp\left(\frac{\mu N}{k_B T}\right) dN \tag{14.41}$$

である．ここで，分母の $N!$ は，同種粒子で区別できないことから，配置として同じものを $N!$ 倍だけ考えてしまうからである．ここで，積分を本来の和に置き換え，粒子数も無限個まで許すという近似を使うと，$Z_{\mathrm{all}}(T,\mu)$ は解析的な形で

$$\begin{aligned}Z_{\mathrm{all}}(T,\mu) &= \sum_{n=0}^{\infty} \frac{1}{N!} (z_{\mathrm{trans}}(T))^N \exp\left(\frac{\mu N}{k_B T}\right) \\ &= \sum_{n=0}^{\infty} \frac{1}{N!} \left(z_{\mathrm{trans}}(T) \exp\left(\frac{\mu}{k_B T}\right)\right)^N\end{aligned} \tag{14.42}$$

と書き直されるが，右辺は指数関数のテイラー (Taylor) 展開なので，

$$Z_{\mathrm{all}}(T,\mu) = \exp\left[z_{\mathrm{trans}}(T) \exp\left(\frac{\mu}{k_B T}\right)\right] \tag{14.43}$$

と得られる．

　ところで，式 (14.31) から，平均粒子数は

$$\begin{aligned}\bar{N} \equiv \langle N \rangle &= k_B T \frac{\partial}{\partial \mu} \ln Z_{\mathrm{all}}(T,\mu) \\ &= z_{\mathrm{trans}}(T) \exp\left(\frac{\mu}{k_B T}\right)\end{aligned} \tag{14.44}$$

と評価できる．つまり，

$$\bar{N} = \ln Z_{\mathrm{all}}(T,\mu).$$

14.3 気体の化学ポテンシャルとギブスの自由エネルギー

一方理想気体の状態方程式から

$$k_B T \bar{N} = \frac{\bar{N}}{N_{\text{avg}}} RT = PV \tag{14.45}$$

が成り立っていた．ここで，N_{avg} はアボガドロ数である．これから，理想気体では

$$k_B T \ln Z_{\text{all}}(T, \mu) = PV. \tag{14.46}$$

次に，式 (14.39) を思い返し，最大実現確率の粒子数 N^* を，平均値 $\bar{N}$ と同じ値だと仮定すると，

$$k_B T \ln Z(T, \mu) = -A_{\bar{N}} + \mu \bar{N} \tag{14.47}$$

が近似的に成立している．そこで式 (14.46) と式 (14.47) を組み合わせると

$$\mu \bar{N} = A_{\bar{N}} + PV \tag{14.48}$$

となることがわかる．あるいは，

$$\mu = \frac{A_{\bar{N}}}{\bar{N}} + \frac{1}{\bar{N}} PV \tag{14.49}$$

である．両辺とも粒子 1 個当たりの数値になっているから，1 モル当たりの数値に直して

$$\mu^0 = A + PV \tag{14.50}$$

とし，1 モル当たりの A 関数を A と書き直しておいた．熱力学では A を（1 モル当たりの）ヘルムホルツの自由エネルギーといい，さらに

$$G = A + PV \tag{14.51}$$

をギブス (Gibbs) の自由エネルギーとよんだ．これらは，第 I 部でしばしば出てきた，熱力学の最も重要な量である．したがって，1 モル当たりの化学ポテンシャル μ^0（標準化学ポテンシャルという）は，1 モル当たりのギブス自由エネルギー（G_i^0）と同じもの，つまり

$$\mu_i^0(T) = G_i^0 \tag{14.52}$$

であることを銘記しておこう．また，この関係から，自由エネルギーの中のエネルギー E の測り方の原点を適宜調整して，化学ポテンシャルが常に負の値

をとるようにしておくことができることがわかる．エネルギーは常にその差だけが問題になるように現れるからである．

■**ヘルムホルツとギブスの自由エネルギー**　ヘルムホルツとギブスの自由エネルギーの違いについて，もう少し続けよう．我々の分布関数に基づく熱力学（統計熱力学）は，分子の並進運動を，固定された箱の中の自由運動と考えるところから出発した．式 (10.63) や式 (11.12) を見ると，容器の体積が表にくくり出されている．これは，逆に，体積をパラメータとして変化させることができる論理体系になっていることを意味する．たとえば，大気圧中で，体積が可変な反応容器内で燃焼反応をさせたとき，どれだけの体積変化（外に力学的仕事として使える量）が見込まれるか，外気温が変化すればそれはどうなるか，という類の問題である．したがって，A は変数の組み合わせとして (T,V) であって，明示的に $A(T,V)$ と書くことも多い．一方，ギブスの自由エネルギーは，体積固定の反応容器の中で気体の化学反応をさせたとき，どのような圧力分布が実現するか．容器内の温度を制御したら，どのような圧力になるか，という類の問題を扱う．したがって $G(T,P)$ と書く．式 (14.51) は，数学の言葉では，独立変数の間の対応関係を表すルジャンドル変換になっている（補遺 C.2 を参照のこと）．

$A(T,V)$ と $G(T,P)$ のどちらが使いやすいかは，問題による．分子レベルで古典力学的シミュレーションを行う場合には，体積一定のシミュレーションの方が圧力一定のそれよりも，扱いやすいのは明らかであろう．

■**エンタルピー**　ギブスの自由エネルギーは

$$\begin{aligned} G &= \bar{E} - TS + P\bar{V} \\ &= (\bar{E} + P\bar{V}) - TS \end{aligned} \tag{14.53}$$

と整理できるので，エネルギー（$\bar{E}$）の代わりに

$$H = \bar{E} + P\bar{V} \tag{14.54}$$

が内部エネルギーとしての役割を担う．第 I 部でも出てきたように，これがエンタルピーである．

14.4 物質の混合と化学ポテンシャル

化学系において，i 番目の成分の粒子が割合として x_i で混合している系を考える．ここで，

$$\sum_i x_i = \sum_i \frac{N_i}{N_0} = 1 \tag{14.55}$$

としておく．N_0 は全粒子数である．ここでは，粒子群が均一に混合しているかいないかということだけを問題にする．成分間の相互作用や化学反応は一切考えない．独立なものをただ混ぜるだけである．したがって全粒子数 N_0 には変化がない．また，混合することによるエネルギーや温度の変化はないものと仮定する．均一に混合している場合には，系のエントロピー（確率エントロピー）は，i 番目の成分について，粒子 1 個当たり

$$S_i^{\mathrm{mix}} = -k_B \ln x_i \tag{14.56}$$

である（式 (12.10) を参照）．これを混合のエントロピーという．S_i^{mix} はもちろん，混合比の変化に伴って，値を変える（単 1 成分系では，$S_i^{\mathrm{mix}} = 0$）．

各成分に置いて粒子数 N_i が与えられたときの（正準集合における）分配関数 $Z_{N_i}(T)$ は，式 (13.29) によれば

$$Z_{N_i}(T) = \exp\left[-\frac{\bar{E}_i - T S_i}{k_B T}\right] \tag{14.57}$$

である（式 (13.29) にかかっている ΔE は，下の式 (14.60) の微分操作で消えてしまう）．ただし，ここでのエントロピーは

$$S_i = S_i^0 + N_i \times (-k_B \ln x_i) \tag{14.58}$$

と変化している．ここで，S_i^0 は混合と関係なく成分 i が持っているエントロピーである．したがって，

$$Z_{N_i}(T) = \exp\left[-\frac{\bar{E}_i - T S_i^0}{k_B T - N_i \ln x_i}\right]. \tag{14.59}$$

そこで，式 (14.34) に従って化学ポテンシャルを求めれば，

$$\mu_i = -k_B T \frac{\partial}{\partial N_i} \ln \exp\left[-\frac{\bar{E}_i - TS_i^0}{k_B T - N_i \ln x_i}\right]\Bigg|_{N_i = N_i^*}$$
$$= \mu_i^0 + k_B T \ln x_i \tag{14.60}$$

と得られる．ここで，μ_i^0 は混合とは関係なく持っていた化学ポテンシャルである．こうして，新しい化学ポテンシャル μ_i ができた．これは1粒子当たりの化学ポテンシャルであるから，1モル当たりの化学ポテンシャルに直しておきたければ，

$$\mu_i = \mu_i^0 + RT \ln x_i \tag{14.61}$$

としておけばよい．この式の右辺第2項は，混合比が変わることによるエントロピーからきており，それが化学ポテンシャルとして，各成分に割り振られたものである．個々の物質が本来持っている自由エネルギーが混合によって引き下げられていることがわかる（上式右辺第2項は常に負である）．

14.5　ギブス-デュエムの関係式

再び多成分系において，化学ポテンシャルを使って全ギブス自由エネルギーを書き下してみると

$$G = \sum_i N_i \mu_i \tag{14.62}$$

である．ここで再び，N_i を系に含まれている i 番目の成分の粒子数とする（あるいは，以下の k_B を R と置き直して，N_i をモル数と読み替えてもよい）．μ_i はこの混合比の中で得られた自由エネルギーである．温度と圧力を一定にして混合比だけを変えても μ_i^0 は変わらないから，μ_i の微小変位量は

$$\delta \mu_i = \frac{\partial \mu_i}{\partial x_i} \delta x_i \tag{14.63}$$

だが，

$$\frac{\partial \mu_i}{\partial x_i} = \frac{\partial}{\partial x_i}\left(\mu_i^0 + k_B T \ln x_i\right) = k_B T \frac{1}{x_i} \tag{14.64}$$

なので

14.5 ギブス–デュエムの関係式

$$\sum_i N_i \delta\mu_i = \sum_i N_i k_B T \frac{1}{x_i} \delta x_i$$
$$= N_0 k_B T \sum_i \delta x_i. \tag{14.65}$$

ここで，$N_i = N_0 x_i$ である．もちろん，$\sum_i x_i = 1$ ととっているので，$\sum_i \delta x_i = 0$ である．したがって，

$$\sum_i N_i \delta\mu_i = 0. \tag{14.66}$$

これを定温定圧の平衡条件下におけるギブス–デュエム (Gibbs-Duhem) の関係式という．この式は，化学ポテンシャルは，一定拘束条件の下で連動して変化する，といっている．

式 (14.62) に戻って，両辺の 1 次変分をとると

$$\delta G = \sum_i \mu_i \delta N_i + \sum_i N_i \delta\mu_i \tag{14.67}$$

であるが，式 (14.66) の結果から

$$\delta G = \sum_i \mu_i \delta N_i \tag{14.68}$$

となる．これは，低温，低圧の条件下で，G は，成分量 N_i に関して状態関数（完全微分）になっていることを意味する．物理的には，自由エネルギーは各成分の混ぜ方の順序や方法によらないことを意味している．数学的には完全微分であると表現されるが，ここでは，それを裏から（式 (14.66)）を眺めたことになる．第 I 部でもみてきたように，完全微分の考え方は，より広い熱力学的原理を提供する．

ここでは自由エネルギーの観点から述べたが，ギブス–デュエムの関係式は熱力学の様々な文脈で現れることは，その物理的意味を含めて，既に第 I 部でみてきたとおりである．

第15章
化学平衡の分子論

第I部で様々な化学平衡を調べてきたが，ここでは，分子論の観点から，おさらいをしておこう．

15.1 平衡分布と平衡定数

気体中での化学反応系

$$a\mathrm{A} + b\mathrm{B} \rightleftarrows c\mathrm{C} + d\mathrm{D} \tag{15.1}$$

を考える．A，B，C，Dが分子種で，a, b, c, d は化学量論数である．それぞれの分子種の1モル当たりの化学ポテンシャルを μ_A などとすると，この反応系は

$$a\mu_A + b\mu_B = c\mu_C + d\mu_D \tag{15.2}$$

のとき，物質の移動（変化）の釣り合いがとれ平衡を実現する．式(14.61)によると，

$$\mu_A(T) = \mu_A^\circ(T) + RT \ln x_A \tag{15.3}$$

だったから，平衡の条件は

$$RT(a \ln x_A + b \ln x_B) + a\mu_A^\circ(T) + b\mu_B^\circ(T)$$
$$= RT(c \ln x_C + d \ln x_D) + c\mu_C^\circ(T) + d\mu_D^\circ(T) \tag{15.4}$$

と書き直される．これを整理すると

$$RT \ln \frac{x_C^c x_D^d}{x_A^a x_B^b} = (a\mu_A^\circ + b\mu_B^\circ) - (c\mu_C^\circ + d\mu_D^\circ) \tag{15.5}$$

あるいは

$$\frac{[x_C]^c[x_D]^d}{[x_A]^a[x_B]^b} = \exp\left[\frac{1}{RT}(a\mu_A^\circ + b\mu_B^\circ - c\mu_C^\circ - d\mu_D^\circ)\right] \tag{15.6}$$

となる．

化学ポテンシャルの代わりに，ギブス自由エネルギーを使うと（式 (14.52) 参照），

$$\frac{[x_C]^c [x_D]^d}{[x_A]^a [x_B]^b} = \exp\left[-\frac{1}{RT}\{(cG_C + dG_D) - (aG_A + bG_B)\}\right]$$
$$= K(T) \tag{15.7}$$

とも書ける．この定数 $K(T)$ を平衡定数という．これを，個別の反応式 (15.1) にかかわらず，一般的に

$$K(T) = \exp\left[-\frac{\Delta G}{RT}\right] \tag{15.8}$$

と書いておく．ΔG は，反応式右側の自由エネルギーから左側のそれを差し引いたものである．$K(T)$ は，もちろん温度の関数である．気体の化学反応では体積変化を伴うことがほとんどであるから，どの圧力で平衡が実現するかを知ろうと思えば，ギブスの自由エネルギーを使うのは自然である．

15.2 ル・シャトリエの原理

平衡にある化学反応系において，それからずれるような操作をしたときに，系がどのように振舞うか調べてみよう．これについては 1888 年ル・シャトリエ (Le Chatelier) が原理的な発見をしている．

■濃度を変える　温度が一定で，x_A を増加させたとする．平衡定数は式 (15.6) から明らかなように，定温定圧では定数なので，

$$[x_C]^c [x_D]^d = K[x_A]^a [x_B]^b$$

に従って

$$aA + bB \to cC + dD \tag{15.9}$$

の移動が起きるのは明らかである．これは，新たな平衡点に達するまで続く．

■温度を変える　この反応を発熱反応とする．つまり，式 (15.1) の右辺側のほうの自由エネルギーが低い，とする．これは

15.2 ル・シャトリエの原理

$$cG_C + dG_D < aG_A + bG_B \tag{15.10}$$

あるいは

$$-\frac{1}{RT}[(cG_C + dG_D) - (aG_A + bG_B)] > 0 \tag{15.11}$$

ということなので，平衡に達していた系全体の温度を T から $T + \Delta T$ に上げると

$$\begin{aligned}
K(T + \Delta T) &= \exp\left[-\frac{1}{T + \Delta T}\{(cG_C + dG_D) - (aG_A + bG_B)\}\right] \\
&< \exp\left[-\frac{1}{T}\{(cG_C + dG_D) - (aG_A + bG_B)\}\right] \\
&= K(T)
\end{aligned} \tag{15.12}$$

と平衡定数が小さくなる．よって，上式 (15.12) の分子が小さくなる方向，すなわち

$$aA + bB \leftarrow cC + dD$$

に平衡が移動する．

この事情を，もう少し一般的に考える．定義から

$$\ln K = -\frac{\Delta G}{RT} \tag{15.13}$$

ただし

$$\Delta G = (cG_C + dG_D) - (aG_A + bG).$$

式 (15.13) は

$$\frac{\partial \ln K}{\partial T} = \frac{\Delta H}{RT^2} \tag{15.14}$$

と変形できるから（H はエンタルピー，式 (14.54)），温度の上下と，平衡定数の大小との関係が一意的に決まってくることがわかる．

たとえば，$\Delta H < 0$（発熱反応）ならば，

$$aA + bB \leftarrow cC + dD$$

だし，$\Delta H > 0$（吸熱反応）ならば，

$$aA + bB \to cC + dD$$

である．式 (15.14) の形はしばしば使われる．

問題 15.2.1 圧力の増減に関する平衡の移動を考えよ（体積一定で）．

15.3 分子論描像の束一的性質

　束一的性質については，第 I 部 6.4 節で詳しく述べた．ここでは，沸点上昇と凝固点降下を，熱統計力学で勉強した分配関数を使って，簡単な分子論的モデルで調べてみよう．

　たとえば純水 1 L に，KCl を少量（たとえば 0.01 モル）溶かすと，沸点が上昇し，凝固点が下がる．これだけでも興味深い事実なのに，上昇温度や降下温度は，他の電解質（たとえば NaCl）に変えてもほぼ同じなのだ．溶媒や圧力などの条件を同じにしておけば，溶質によらず同じ定量的傾向を示すものを束一的性質とよぶ．浸透圧も束一的性質の一例である．

■**沸点上昇はなぜ起きる？**　圧力が一定の容器の中に，溶質となる純粋液体とその気体が閉じ込められていて，平衡に達しているものとする（たとえば，1 atm，100°C の水）．気液の平衡に達しているということは，気体と液体の化学ポテンシャルが同じになっていて，気体から液体に，あるいは液体から気体へと，一方向に物質が移動することはない，ということである．

　ここに電解質を少量溶かすとイオンに分解して，溶媒に完全に溶解して溶液となるが，気体側には何も変化が起きない．その化学ポテンシャルは不変である．一方，液体側では，イオンの混合によって混合エントロピーが，粒子数当たり

$$S^{\mathrm{mix}} = -xk_B \ln x - (1-x)k_B \ln(1-x) \tag{15.15}$$

となって上昇する．ここで，x は溶質の濃度である．したがって，溶媒の化学ポテンシャルが一方的に低下するのである．この系が圧力一定の下で平衡に達するのは，温度が上がり気体側の化学ポテンシャルが下がったときである．つまり，沸点が上がるのである．

　凝固点降下についても同じように考えることができる．

　したがって，溶媒となる物質の 3 相における化学ポテンシャルの温度依存

性を調べる必要がある．

■**溶媒の 3 相について**　沸点上昇と凝固点降下については，溶媒となる物質の固体，液体，気体の 3 相の自由エネルギー（あるいは化学ポテンシャル）を扱う必要がある．しかし，これら個々の相の熱力学を，正確に扱うのは非常に難しい．幸い，後でわかるように，我々が必要とするものは，化学ポテンシャルの温度依存性の定性的な傾向だけなので，以下のような少々荒っぽい簡単化をする（このモデルは，理解を助けるためのものであり，定量性はない）．

　固体（低温）は振動子の集合，
　液体（中温）は回転子の集合，
　気体（高温）は，並進運動可能な分子の集団，

として扱う．さらに簡単化して，

　固体では，等核 2 原子分子が定められたそれぞれの位置で振動，
　液体では，等核 2 原子分子が定められたそれぞれの位置で回転，
　気体では，等核 2 原子分子が併進運動，

をそれぞれ行うものとして，化学ポテンシャルの温度依存性を調べてみよう．

15.3.1　気体，液体，固体の μ の温度依存性

この文脈で使う基本的な量は，それぞれの状態の分配関数と，それから求められる化学ポテンシャル

$$\mu = -k_B T \frac{\partial}{\partial N} \ln Z_N(T) \tag{15.16}$$

である．それぞれの状態の分配関数は，第 10 章で計算した．以下に再度まとめながら，化学ポテンシャルの温度依存性を調べる．

■**気体の化学ポテンシャルの温度依存性（並進運動）**　箱の中の自由粒子の 1 個当たりの分配関数は

$$z_{\text{tran}} = \frac{1}{h^3} (2\pi m k_B T)^{3/2} V \tag{15.17}$$

だった．気体としての分子集合の分配関数 $Z_{trnas}(T)$ は，粒子数を N として

$$Z_{trnas}(T) = \frac{1}{N!} (z_{\text{tran}})^N \tag{15.18}$$

である．$N!$ で割ったのは，容器内で併進運動している気体分子の全体を考え

たとき，与えられた相対配置（分子群の位置）に対して $N!$ の組み合わせがあるからである．結局，

$$\ln Z_{trnas} = \ln \frac{1}{N!} + N \ln \frac{(2\pi m k_B T)^{3/2}}{h^3} V. \tag{15.19}$$

これから，

$$\mu_{\text{trans}} = -k_B T \ln \frac{(2\pi m k_B T)^{3/2}}{h^3} V + k_B T \frac{\partial}{\partial N} \ln N! \tag{15.20}$$

（N をアボガドロ数とせよ）．

さらに，式 (15.19) の右辺第 2 項は，スターリングの公式（補遺 C.4 を参照）

$$N! \simeq \left(\frac{N}{e}\right)^N$$

を使って第 1 項と合体させることができて，

$$\ln Z_{\text{trans}} \simeq N \ln \frac{(2\pi m k_B T)^{3/2} eV}{Nh^3} \tag{15.21}$$

と近似できるから，結局

$$\mu_{\text{trans}} \simeq -\frac{3}{2} k_B T \ln T + \text{const} \tag{15.22}$$

とできる．

■**回転子の集合体の化学ポテンシャルの温度依存性**　等核 2 原子分子では，1 分子当たりの分配関数は

$$z_{rot} = \frac{8\pi^2 I k_B T}{h^2} \tag{15.23}$$

だったから，集合体では

$$Z_{rot} = (z_{rot})^N = \left(\frac{8\pi^2 I k_B T}{h^2}\right)^N. \tag{15.24}$$

したがって，化学ポテンシャルは，

$$\mu_{rot} = -k_B T \ln \frac{8\pi^2 I k_B T}{h^2}. \tag{15.25}$$

15.3 分子論描像の束一的性質

■**調和振動子の集合の化学ポテンシャルの温度依存性** 1振動子当たりの分配関数は

$$z_{vib} = \frac{e^{-h\nu/2k_BT}}{1-e^{-h\nu/k_BT}} \tag{15.26}$$

で，集合体の分配関数は

$$Z_{vib} = (z_{vib})^N = \left(\frac{e^{-h\nu/2k_BT}}{1-e^{-h\nu/k_BT}}\right)^N \tag{15.27}$$

だから，化学ポテンシャルは

$$\mu_{vib} = -k_BT \ln \frac{e^{-h\nu/2k_BT}}{1-e^{h\nu/k_BT}}. \tag{15.28}$$

■**まとめ** 以上をまとめると，

$$\mu_{\text{trans}} = -k_BT \ln \frac{(2\pi m k_B T)^{3/2} V}{h^3} + k_BT \frac{\partial}{\partial N} \ln N! \tag{15.29}$$

$$\mu_{rot} = -k_BT \ln \frac{8\pi^2 I k_B T}{h^2} \tag{15.30}$$

$$\mu_{vib} = -k_BT \ln \frac{e^{-h\nu/2k_BT}}{1-e^{-h\nu/k_BT}} \tag{15.31}$$

となった．沸点上昇に対しては，沸点近くで気体（並進）と液体（回転）の化学ポテンシャルを比べればよく，凝固点降下では凝固点近傍の液体（回転）と固体（振動）の化学ポテンシャルを比較すればよいので，温度依存性だけを比較すればよい．すると，それぞれ，温度の依存性を含む項だけを残すと，並進に対して

$$\mu_{\text{trans}} \sim -\frac{3}{2} k_B T \ln T. \tag{15.32}$$

回転については

$$\mu_{rot} \sim -k_B T \ln T \tag{15.33}$$

が得られる．また，低温の振動に対して，

$$1 - e^{-h\nu/k_BT} \simeq 1 \tag{15.34}$$

なので，

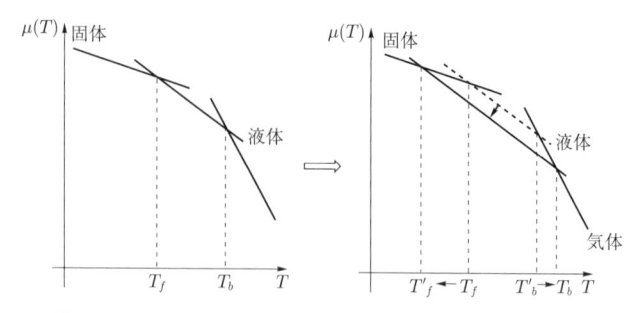

図 15.1 固体-液体-気体の化学ポテンシャルの温度依存性

$$\mu_{vib} \simeq -k_B T \left(\frac{-h\nu}{2k_B T} \right) = \frac{h\nu}{2} \tag{15.35}$$

と近似できて，その極限値としての定数が現れた．つまり μ_{vib} の低温における温度勾配は非常に小さい．並進も回転もその化学ポテンシャルは負の勾配を持っており，その絶対値は並進が一番大きくて，次に回転と続く．振動も実際には負の緩やかな勾配を持つ．

問題 15.3.1 気体では，高温になるほど化学ポテンシャルは小さくなるべきものである．その理由を説明せよ．

15.3.2 3相における化学ポテンシャルの温度依存性のグラフ

以上の（超）簡単化されたモデルから，個体，液体，気体における化学ポテンシャルの温度依存性として，図 15.1 のような概念図が描ける．注意してほしいのは，沸点と凝固点では，それぞれ

$$\mu^{気体}(T_b) = \mu^{液体}(T_b) \tag{15.36}$$

$$\mu^{液体}(T_f) = \mu^{固体}(T_f) \tag{15.37}$$

が成り立っているということである．T_b と T_f はそれぞれ沸点温度と凝固点温度．

このように，「相」が変わるということは，化学ポテンシャルの値は連続でも，その温度の関数としての振る舞い（自由エネルギーの温度微分，あるいはその高階微分）が，転移点で不連続になるということである．

15.3 分子論描像の束一的性質

15.3.3 沸点上昇度の評価

次に，溶液に小さな濃度で溶質（ここでは電解質）を溶かす．このときの，溶質の濃度 x とする．食塩であれば，Na^+ と Cl^- を両方足したものについての濃度とする．このとき，水の濃度は $1-x$ だから，混合エントロピーは

$$S^{\mathrm{mix}} = -xk_B \ln x - (1-x)k_B \ln(1-x) \tag{15.38}$$

となる．このグラフは $x = 0.5$ のとき最大，$x = 0$，$x = 1.0$ のとき最小になるが，今は，x を小さな数だとしておく必要がある．固体では，溶質は一様に溶けていないし，気体部分には，電解質は蒸発して存在するということはないとする．すると，溶液部分だけの化学ポテンシャルが純粋液体の場合のそれよりも下がることになる．つまり，電解質の混合によって，溶液だけの化学ポテンシャルが下がることになり

$$\mu^{液体}(T_b) > \mu^{溶液}(T_b) \tag{15.39}$$

が起きる．図 15.1 において，液体の化学ポテンシャルを下に少しずらせば，固体のそれとの交点は左側（低温側）にずれ，一方，気体側での交点は右側（高温側）にずれる．こうして，それぞれ，凝固点降下と沸点上昇を起こすことが理解できた．

具体的に，沸点上昇や凝固点降下の大きさを評価するには，もちろん，このような並進・回転・振動モデルでは不十分である．しかし，今，気体，液体，固体の化学ポテンシャルが，個別の液体についてわかっていたとすると，次のように評価すればよい．沸点上昇の場合，温度を少し上げて，新たな交点

$$\mu^{気体}(T_b + \Delta T) = \mu^{溶液}(T_b + \Delta T) \tag{15.40}$$

となる ΔT を見積もればよい．簡単のため

$$T = T_b + \Delta T \tag{15.41}$$

としておこう．すると

$$\mu^{気体}(T) = \mu_0^{溶媒}(T) + RT \ln x^{溶媒} \tag{15.42}$$

が上の条件として要求される．ただし，

$$x^{溶媒} = 1 - x^{溶質} \tag{15.43}$$

であり，$x^{溶媒}$ は溶媒の濃度．さて，もともと

$$\mu^{気体}(T_b) = \mu_0^{溶媒}(T_b) \tag{15.44}$$

だったから，式 (15.42) は

$$\mu^{気体}(T_b + \triangle T) - \mu_0^{溶媒}(T_b + \triangle T) = R(T_b + \triangle T)\ln\left(1 - x^{溶質}\right) \tag{15.45}$$

と書き直される．さらに，この式の右辺は，第一近似で

$$R(T_b + \triangle T)\ln\left(1 - x^{溶質}\right) \simeq -RT_b x^{溶質} \tag{15.46}$$

と近似できる．また，式 (15.45) の左辺を $\triangle Tn$ について 1 次まで展開すると

$$\text{左辺} = \mu^{気体}(T_b) - \mu_0^{溶媒}(T_b) + \frac{\partial}{\partial T}\left[\mu^{気体}(T) - \mu_0^{溶媒}(T)\right]_{T=T_b} \triangle T. \tag{15.47}$$

式 (15.46) と (15.47) を比べて

$$\triangle T = -\left[\frac{\partial}{\partial T}\left[\mu^{気体}(T) - \mu_0^{溶媒}(T)\right]_{T=T_b}\right]^{-1} RT_b \times x^{溶質} \tag{15.48}$$

を得る．こうして，沸点上昇の温度は，溶質の濃度 $x^{溶質}$ に比例しており，比例係数は溶媒の性質によって決まることがわかる．

問題 15.3.2 凝固点降下についても沸点上昇の場合と同様な考察を行え．

問題 15.3.3 近似式 (15.48) の適用限界とその補正を考えよ．

第16章
素反応の統計速度論

　前章までは，平衡現象を扱っていたので，生成物の分布を研究対象にしていたが，生成物が出来てくるまでの速さ（速度過程）は，まったく考えなかった．第I部で，初等的な化学反応速度論を説明したが，以下では，統計科学の考え方を速度論に援用する．時間を問題にしない世界の理論が，速度過程に展開されるのである．これは天文学におけるコペルニクス的転回にも匹敵するドラマチックなパラダイムシフトである．

16.1　反応速度式と素反応

　第I部で，反応速度式について説明した．たとえば，水素分子の燃焼反応は

$$2H_2 + O_2 \longrightarrow 2H_2O \tag{16.1}$$

である．しかし，実際には，水素分子2個と酸素分子1個が一度に会合（衝突）して2個の水分子ができる，ということを意味しているわけではない．単に化学量論的な関係式を表しているにすぎない．分子レベルでは

$$H_2 \longrightarrow 2H \quad (反応開始) \tag{16.2}$$

$$H + O_2 \longrightarrow OH + O \tag{16.3}$$

$$O + H_2 \longrightarrow OH + H \tag{16.4}$$

$$OH + H_2 \longrightarrow H_2O + H \tag{16.5}$$

などの多数の衝突反応が起きている．この反応では最初に水素原子（反応開始剤という）が出来て酸素分子と反応すれば，その後は，水素原子が倍倍と増えて（式(16.4)と(16.5)），瞬時に化学反応（爆発反応）が終了することを示唆している．もちろんそうなるためには，原料となる酸素分子や水素分子の量などに必要な条件がある．このように，目的とする最終生成物（ここではH_2O）とともに産生されたHが，原料となって式(16.3)の次の反応を進める形態を

している．これを連鎖反応 (chain reaction) という．結果が原因となって回帰するという点で，典型的な非線形動力学という観点からも，こうした爆発反応は興味深い．

上で掲げた反応の1つ1つ（式 (16.3)～(16.5)）を素反応といい，究極的には原子や分子の間の衝突のレベルで考えなければならない．

16.2　超単純衝突論

ここで，2次反応

$$A + B \longrightarrow X \tag{16.6}$$

およびその反応速度式

$$-\frac{d}{dt}[A] = k[A][B] \tag{16.7}$$

を，分子衝突のレベルで考える．

AとB（原子や分子と思ってほしい）の直径が，それぞれ，d_A と d_B の大きさをもつとする．このとき，衝突の確率（衝突断面積）は

$$\sigma = \pi d_{AB}^2 \tag{16.8}$$

に比例する．ここで，$d_{AB} = \frac{1}{2}d_A + \frac{1}{2}d_B$ である．またそれぞれの質量を m_A および m_B，それらの換算質量を $M = m_A m_B/(m_A + m_B)$ とする．この分子は相対速度 c_{AB} で衝突するが，3次元の容器の中で c_{AB} 平均値は，式 (10.45) でみたとおり，速度 $\bar{c}_{AB} = \left(\frac{8k_B T}{\pi M}\right)^{1/2}$ である．したがって，単位時間，単位体積当たりの分子の衝突回数 N_{AB} は

$$N_{AB} = \sigma \bar{c}_{AB} \cdot \frac{N_A}{V}\frac{N_B}{V} \tag{16.9}$$

$$= \pi d_{AB}^2 \left(\frac{8k_B T}{\pi M}\right)^{1/2} [A][B] \tag{16.10}$$

と評価できる．

ちなみに，分子がAだけの1種類しかない場合には

$$D_{AA} = \frac{1}{2}\sqrt{2}\pi d_A^2 \left(\frac{8k_B T}{\pi m_A}\right)^{1/2} [A]^2 \tag{16.11}$$

と変更を受ける．ここで，$\frac{1}{2}$ はABとBAの区別がつかなくなることを考慮

16.3 遷移状態理論（統計化学反応速度理論）

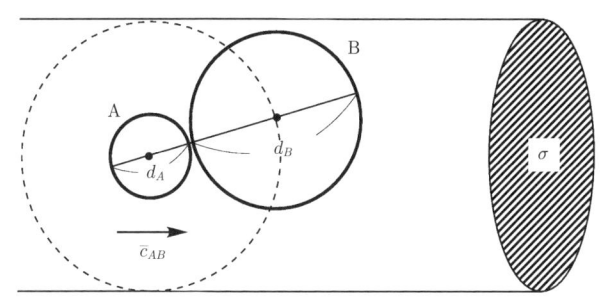

図 16.1 粒子の単純衝突の衝突断面積

した因子で，$\sqrt{2}$ は $M = \frac{m_A}{2}$ となったことによる．

さて，衝突する分子はすべて化学反応に至るわけではなく，並進エネルギーが E^* を超えるものだけが反応すると仮定する．通常，化学反応にはエネルギー障壁があり，それを越えなければ反応しない，という考え方は自然である．一方，並進エネルギーが E^* を超えるものの確率は，10.4.3 項の式 (10.54) で得たように $e^{-\frac{E^*}{k_B T}}$ であった．すると反応速度は，すべてまとめて

$$v = \pi d_{AB}^2 \left(\frac{8k_B T}{\pi m}\right)^{1/2} e^{-\frac{E^*}{k_B T}} [A][B] \tag{16.12}$$

となる．一方，速度定数は

$$k \cong \pi d_{AB}^2 \left(\frac{8k_B T}{\pi m}\right)^{1/2} e^{-\frac{E^*}{k_B T}} \tag{16.13}$$

と与えられる．

この超単純衝突論は，化学反応が引き起こされるまでの，単純ではあるが明確なイメージに基づいており，単純なモデル系以外では実際に使われることはほとんどないが，学習しておく価値がある．

問題 16.2.1 超単純衝突論には化学反応過程として考える際，何が欠けているのか，どうすればよいか，考えよ．

16.3 遷移状態理論（統計化学反応速度理論）

以下に，アイリング (H. Eyring) とポラーニ (M. Polanyi) による遷移状態理論を紹介する．この理論の基本的骨格は 1935 年に提案されたが，現在でも

多数の応用がなされ,「量子力学的遷移状態理論」などの観点から新しい研究も行われている重要な理論である.また,「遷移状態」という概念は,化学反応論以外の速度過程の理論でも広く浸透している.学ぶべきこと,考えるべきこと,が多く含まれた重要な理論である.

16.3.1 中間体と多段階平衡

一般論として,多段階の化学平衡

$$A \underset{K_1}{\rightleftarrows} B \underset{K_2}{\rightleftarrows} C \tag{16.14}$$

を考えてみる.分子種 B は中間体であって,それぞれの段階の平衡定数は

$$K_1 = \frac{[B]}{[A]} = \exp\left[-\frac{G_B - G_A}{RT}\right] \tag{16.15}$$

と

$$K_2 = \frac{[C]}{[B]} = \exp\left[-\frac{G_C - G_B}{RT}\right] \tag{16.16}$$

であり,当然の事ながら A と C の間の直接の平衡定数は,

$$K = \frac{[C]}{[A]} = K_1 K_2 = \exp\left[-\frac{G_C - G_A}{RT}\right] \tag{16.17}$$

となって,見かけ上,中間体 B の情報が消えてしまっている.化学平衡とはそういうものである.なお,中間体は,寿命を持つにせよ,一定の安定性をもって単離(分離)される分子種であると定義される.

それでは,反応速度はどうか? 式 (16.14) の反応に対して,反応速度定数を次の式のように定義する.

$$A \underset{k_{-1}}{\overset{k_1}{\rightleftarrows}} B \underset{k_{-2}}{\overset{k_2}{\rightleftarrows}} C \tag{16.18}$$

もちろん,反応速度定数と平衡定数は直接関係づけられていて

$$K_1 = \frac{k_1}{k_{-1}}, \quad K_2 = \frac{k_2}{k_{-2}} \tag{16.19}$$

である.したがって,

$$K_1 K_2 = \frac{k_1 k_2}{k_{-1} k_{-2}} = \frac{\exp\left[-(G_B - G_A)/RT\right]}{\exp\left[-(G_C - G_B)/RT\right]}. \tag{16.20}$$

上の反応を,A と C との間の直接反応だと見なして,反応速度定数を

16.3 遷移状態理論（統計化学反応速度理論）

$$A \underset{k_{-3}}{\overset{k_3}{\rightleftarrows}} C \tag{16.21}$$

と定義する．もちろん，

$$k_3 = k_1 k_2, \qquad k_{-3} = k_{-1} k_{-2} \tag{16.22}$$

によって，それぞれの反応速度定数は関係づけられている．

式 (16.17) と式 (16.22) の対比からわかるように，中間体の情報は平衡定数からは消去されるが，反応速度を考える際には，反応の通過点として考慮しておく必要がある．

■**活性錯合体の存在仮説**　一般に，反応障壁がある反応

$$A \underset{k_{-3}}{\overset{k_3}{\rightleftarrows}} C \tag{16.23}$$

において，始原系の分子 A が生成物 C に化学変化する途中の過程で，中間体とは限らない錯合体と呼ばれる「状態」（$B^\ddagger$ とする）があって，$B^\ddagger$ のエネルギーの高低によって k_3 や k_{-3} の値が大きく支配されるかもしれない，と考えるのは極めて自然である．

そして，式 (16.20) と式 (16.22) の比較から

$$k_3 \propto \exp\left[-\frac{G_B^\ddagger - G_A}{RT}\right] \tag{16.24}$$

と書けるかもしれない，とも考えられる（$B^\ddagger$ は直接観測されないとしても）．ここで $G_B^\ddagger$ は，活性錯合体の想定される自由エネルギーである．

1 次反応の場合，k_3 は [時間]$^{-1}$ の次元を持つから，この考え方は，平衡（時間に関係ない）の世界から時間依存現象（速度過程という）への革命的大転回になっている．

また，k_3 の上の式 (16.24) の表式が正しいとすると

$$k_3 \propto \frac{B^\ddagger \text{ の分配関数}}{[A] \text{ の分配関数}} \tag{16.25}$$

となっている．もちろん，これだけでは理論は不完全である．そもそも，左辺と右辺の物理的次元が合っていない．

16.3.2 遷移状態理論による速度式

平衡から速度過程へと考え方の大転回を成し遂げたのは，アルレニウス (S. Arrhenius) だが，活性錯合体仮説に基づいて理論（遷移状態理論）を築き上げたのは，ポラーニとアイリングである．現在，遷移状態理論は美しく定式化されているが，ここでは，元々の素朴な考え方に従って説明することにする．

■ポテンシャルエネルギー曲面と反応座標　9.3.2 項で説明したように，原子核の運動が電子の運動のそれより圧倒的に遅いために，原子核を空間に固定して，電子の問題だけを先に解く，ということが一般的に行われる．そうして得られた電子エネルギーは原子核に働く位置エネルギーとしての役割を果たすが，それをポテンシャルエネルギー超曲面 (Potential Energy Hypersurface: PES) とよぶ．その節の図 9.2 には，PES の一例が描かれている．特にパネル (a) では，反応障壁がある場合の PES の典型例が描かれており，鞍点と書かれた部分が遷移状態領域に相当する．この PES でエネルギーの一番低いところ（谷の部分に当たる）を始源系から生成系まで結んだ曲線を反応座標という．図 9.2(a) では，破線がそれに相当する．遷移状態理論では，このような反応座標を 1 本だけ考え，途中で枝分かれするような複雑な状況は想定しない．

■物理的仮定　反応速度定数を評価するに当たって，次のような仮定を行う．
1. 化学反応の途中で，反応速度を律する遷移状態が存在する．
2. 遷移状態は反応座標方向とその垂直方向での振動運動成分，および，回転運動に分離できる．
3. 遷移状態の反応座標方向の長さを δ とする．
4. 遷移状態に到達した「分子種」（状態と理解したほうが良い）は，無条件に生成物方向に進行する．
5. 遷移状態の生成確率（あるいは生成分布）は

$$\frac{遷移状態の分配関数}{始源系の分配関数} \tag{16.26}$$

に比例する．
6. 反応の速度は遷移状態を通過する頻度で決まる．

■遷移状態について　遷移状態とは，活性錯合体の別の呼び名である．つま

16.3 遷移状態理論（統計化学反応速度理論）

り，反応の途中にあって，速度を律する存在である．しかし，アイリングらの当初の理論では，活性錯合体は一種の分子種であって，寿命が短くて観測できないが，中間体の一種であると考えられた．上の仮定には，そのイメージが色濃く反映されている．

しかし，その後，遷移状態と目される分子が変形した構造には，ポテンシャルエネルギーの窪み（盆地状の形）がないことがわかり，上でも述べたように，遷移状態は中間体ではなく，たんにそこを通過する「状態」である，と考えられるようになった．遷移状態で分子が感じるポテンシャルエネルギーは，図 16.2 にも描かれているように，盆地形状ではなく，鞍点 (saddle) の形になっている．

実際，アイリングらは，そのように考え方を修正している．面白いことに，そのような修正を行っても，以下に述べる反応速度定数の評価式は同じ形をとる．

さらに面白いことに，現代の科学では，(1) 高速で通過すべき状態であるはずの遷移状態に，状態が意外と長く留まることがわかっており，また，(2) 超高速分光学の発展によって，ものによっては遷移状態が実験的に同定できるようになった（遷移状態分光とよばれる）．

遷移状態でのポテンシャルエネルギーが鞍点になっているにもかかわらず，長い滞在時間を持つには，興味深い力学的な理由が存在する．それは，分子の振動と回転が完全に分離できないことから，分子内部座標系が必然的に非ユークリッド空間になってしまうことの帰結である（興味のある読者は，T. Yanao and K. Takatsuka, Phys. Rev. A **68**, 032714 (2003); J. Chem. Phys. **120**, 8924 (2004) を参照されたい）．

■**反応速度定数の定式化**　それでは順次，反応速度を考えられる因子ごとに定式化していこう．ここでは，

$$A + B \longrightarrow X^{\ddagger} \longrightarrow C + D \tag{16.27}$$

を想定する．$X^{\ddagger}$ が遷移状態である．

1. 始源系の 1 分子当たりの分配関数を z_I とする．ここでは

$$z_I = z_A \cdot z_B \tag{16.28}$$

のように書かれる．

2. 遷移状態の分配関数を $z_0^\ddagger$ とする．遷移状態は，始源系よりエネルギーが E_0 だけ高いので，遷移状態で利用可能なエネルギーはその分だけ低くなっている．そこで，遷移状態をエネルギーの原点に選び直して，分配関数 $z^\ddagger$ を改めて定義し直すと

$$z_0^\ddagger = z^\ddagger e^{-E_0/k_B T} \tag{16.29}$$

と変更できる．

3. 仮定により，$z^\ddagger$ は反応座標に垂直な成分 ($z^\perp$) と1次元の並進方向の成分 (z_{trans}) の積で表す．すなわち

$$z^\ddagger = z^\perp z_{\text{trans}}. \tag{16.30}$$

この併進の方向が始源系と生成系を結ぶ反応進行方向に相当する．

4. z_{trans} は長さ δ の容器に入った1次元の併進の分配関数で与えられるものとして，既に調べたように，次のように書けるであろう．すなわち，

$$z_{\text{trans}} = (2\pi m^\ddagger k_B T)^{1/2} \frac{\delta}{h}. \tag{16.31}$$

ここで $m^\ddagger$ は反応座標方向での換算質量．この明示的には定義されないまま使われた量 δ は，後でキャンセルされて消えてしまう．

5. ここまでをまとめると，遷移状態 $X^\ddagger$ の分布 $[X^\ddagger]$ は，

$$[X^\ddagger] = [A][B]\frac{z^\perp e^{-E_0/k_B T}}{z_A z_B}(2\pi m^\ddagger k_B T)^{1/2}\frac{\delta}{h}. \tag{16.32}$$

6. 反応の速度は，遷移状態を通過する頻度であると仮定した．反応座標方向（1次元）の並進運動で反応生成物方向に向かう方向だけの平均速度 $\bar{v}$ は以前学んだように（式 (10.38)）

$$\bar{v} = \left(\frac{k_B T}{2\pi m^\ddagger}\right)^{1/2} \tag{16.33}$$

である．この速さで δ の長さの遷移状態を通過するから単位時間当たり

$$\frac{1}{\delta}\bar{v} = \frac{1}{\delta}\left(\frac{k_B T}{2\pi m^\ddagger}\right)^{1/2} \tag{16.34}$$

の頻度（回数）で通過することになる．

7. まとめると，通過速度 v は

$$v = [X^\ddagger] \cdot \frac{\bar{v}}{\delta} \tag{16.35}$$
$$= [A][B]\frac{z^\perp}{z_A z_B}\frac{k_B T}{h}e^{-E_0/k_B T}$$

で与えられる．

8. 結局，

$$v = k[A][B]$$

で定義される．反応速度定数 k は，モル濃度に書き換えておくと

$$k = \frac{Z^\perp}{Z_A Z_B} \cdot \frac{RT}{h}e^{-E_0/RT} \tag{16.36}$$

で与えられることがわかった．

16.3.3　遷移状態理論の物理的意味：反応速度を支配する因子

　与えられた反応速度定数の関数形（式 (16.36)）から，反応速度を支配する要因を考えてみよう．

　まず，遷移状態のエネルギーが高いほど指数関数的に速度が遅くなることは，よく知られている．また，この部分だけが強調されることがしばしばあるが，それでは十分ではないこともよくわかる．また，超単純衝突論にも，このような指数関数の部分が含まれていたが，式 (16.13) に含まれていた E^* が何を意味していたか理解できる．

　次に，式 (16.36) の分母は，始源系において許される状態の多さ（元々の入れ物の大きさ）を表す．最初の入れ物が大きいほど，比率としては，反応速度を小さくする要素として働く．これは，始原系から生成系に移るのに遷移状態（出口）を探すのに時間がかかるということからきている．

　一方，式 (16.36) の分子は反応座標に直交する方向に許される状態空間の大きさ（遷移状態の断面積）$Z^\perp$ に比例している．例として，共線形（一直線上に配置された原子）の化学反応

$$\mathrm{A + BC \rightarrow AB + C} \tag{16.37}$$

を考えてみよう．遷移状態 $\mathrm{ABC}^\ddagger$ において，反応座標と直交する座標では，A – B – C の全伸縮振動（ここでは 1 次元振動）に似た運動もモードをもっ

ている．その振動を振動数 ν をもつ調和振動だとみなすことにしよう．

$$(\nu = \frac{1}{2\pi}\sqrt{\frac{K}{\mu}})$$

すると，$Z^\perp$ は

$$Z^\perp = \frac{e^{-\frac{h\nu}{2k_B T}}}{1 - e^{-h\nu/k_B T}} \simeq 1 - \frac{h\nu}{2k_B T} \tag{16.38}$$

と書ける．これから，ν が小さい（振動数が小さい）と $Z^\perp$ が大きいことがわかる．ν が小さいということは，遷移状態での谷の形がなだらかで（バネが弱くて状態密度が大きいということ），空間的に広がっているということである．

反応速度を律している，反応途中の場所をボトルネックという．ν が小さいということは，ボトルネックの面積が大きいということである．一般に，大きな瓶が狭い（小さい）ボトルネックを持つ場合には，液体がそこから流れ出す時間が長くかかる．遷移状態理論が反映しているのは，そのような「幾何学」的な状況である．

16.3.4　遷移状態のエントロピー

ここまで，あたかも分子の 1 回の衝突で何が起きるか，というような説明の仕方をしてきたが，統計反応速度論では，多数回の分子衝突の集合を想定しているのだった．そこで，反応速度定数をもう少し熱力学風に表現してみよう．速度定数

$$k = \frac{Z^\perp}{Z_A Z_B} \frac{k_B T}{h} e^{-E_0/RT} \tag{16.39}$$

において

$$e^{-E_0/RT} \frac{Z^\perp}{Z_A Z_B} = e^{\Delta G^\perp/RT} \tag{16.40}$$

となる自由エネルギー $G^\perp$ を考える（始源系から測る）．

$$\Delta G^\perp = \Delta H^\perp - T\Delta S^\perp \tag{16.41}$$

だから（エンタルピーは始源系から測り直すこと），遷移状態と始源系のエントロピー差を考えることができる．すると

$$k \sim T e^{-\Delta H^\perp/RT} e^{\Delta S^\perp/R} \tag{16.42}$$

と書くことができる．

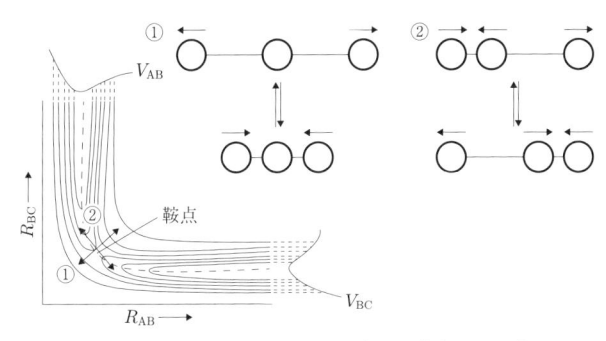

16.3 遷移状態理論（統計化学反応速度理論）

図 16.2 遷移状態における全対称伸縮運動とボトルネック

このエントロピー差 $\Delta S^\perp$ は，遷移状態の（始源系から見た）相対的な柔らかさ（形の自由度の大きさ）を表していると考えることができる．したがって，$e^{\Delta S^\perp/R}$ とは，結局，元の意味をたどれば，「遷移状態の（反応座標に横断的な空間の）状態密度（あるいは状態数）のこと」であるから，「柔軟な遷移状態ほど反応速度が大きい」といえる（逆に，この式から自由エネルギーの本来の意味がよく把握できる）．$\Delta S^\perp/R$ が大きい（小さい）遷移状態を loose(tight) な遷移状態という．loose な遷移状態を持つ化学反応の速度はより速い，と結論できる．

このように熱力学的な書き方をするメリットにはもう1つあって，それは，溶液中の化学反応において，溶媒の自由エネルギーを簡明に考慮することに道を開くからである．$\Delta G^\perp$ の中に，反応を起こす前の溶媒の自由エネルギーと，遷移状態を通過中の溶媒の自由エネルギーの差を取り込めばよいと考えることができる．これは読者への最後の難問として残しておこう．

補遺

第A章
計算機シミュレーションと熱統計力学

　統計力学では分子の存在を仮定してきたが，実際には分子集合体の物理量の平均値やゆらぎを計算することが主な目的であった．現在では高速のコンピュータを用いて，個々の分子の運動方程式を解き，そのトラジェクトリーをもとに，実験で観測される物性と比較できる．この基本的な方法に簡単に触れ，またその応用例を示す．

A.1　計算機シミュレーションとは

　熱力学では巨視的な量を用いて，系の向かう方向およびその結果としての平衡と安定性について学んだ．統計力学では分子の集合体の分子運動と平衡における熱力学量の関係を導いたが，その過程で統計的な仮定を導入してきた．というのは，多数（アボガドロ数程度）の分子の運動を追跡することは，一般の分子については不可能と初期の統計力学では考えられてきたためである．しかし，現在では高速コンピュータを用いて，分子数 10^3 から 10^8 程度であれば，時間 10^{-9} から 10^{-6} 秒にわたって，運動方程式を数値的に解くことが可能となっている．その結果，分子の平衡に向かうときの統計的性質が確認できるとともに，分子間相互作用と種々の熱力学量も含めた物性を再現することが可能となった．実験を通して現実の物質では不可能である，連続的に分子間の相互作用を変化させることなどにより，分子間相互作用と物性の関係を確立することができるようになり，また様々な外部条件下での新規な物性を予測するための研究手段として用いられている．さらに，理論的な方法ではほぼ不可能である複雑な場合についても，シミュレーションは適用可能であって，通常の固体や液体の他に，タンパク質・核酸やその複合体についても最近は適用対象とされ，重要な研究手段として今後も発展が期待されている．以下では，簡単に計算機シミュレーションの方法を紹介して，分子の位置や運動量といくつかの熱力学量の関係を導く．

A.2　分子動力学計算機シミュレーションの方法

通常の分子動力学計算機シミュレーションでは，微分方程式である（古典）運動方程式を，差分方程式に置き換えて数値的に解く．最も簡単なシミュレーションでは，孤立系に相当する粒子数 (N)，体積 (V)，エネルギー (U)（さらに並進の運動量も）が指定または保存される系で行われる（後に述べる周期的な境界条件のため，角運動量は保存しない）．外界との熱や仕事によるエネルギー交換はないため，U は保存されるがシミュレーションを行うにあたり指定すべき便利な量ではない．代わりに温度 (T) を指定し，等分配則で関係付けられる運動エネルギーを適当に調節することにより，ほぼ設定した温度に系の状態を近づける．精度や安定性，エネルギー保存など，必要な条件に応じて微分方程式の積分法は多数あるが，ここでは最も簡単な方法を紹介する．有限時間間隔 Δt に対して，粒子の位置 $\mathbf{r}$ をテイラー展開すれば

$$\mathbf{r}(t \pm \Delta t) = \mathbf{r}(t) \pm \dot{\mathbf{r}}\Delta t + \ddot{\mathbf{r}}(t)\Delta t^2/2 \pm O(\Delta t^3) \tag{A.1}$$

となるが，ニュートン方程式

$$\ddot{\mathbf{r}}(t) = -\mathbf{F}(t)/m \tag{A.2}$$

から，速度をあらわに取り入れないかたちで

$$\mathbf{r}(t + \Delta t) = 2\mathbf{r}(t) - \mathbf{r}(t - \Delta t) + \mathbf{F}(t)\Delta t^2/m + O(\Delta t^4) \tag{A.3}$$

のように表される．また，速度は

$$\mathbf{v}(t) = \frac{\mathbf{r}(t + \Delta t) - \mathbf{r}(t - \Delta t)}{2\Delta t} + O(\Delta t^2). \tag{A.4}$$

差分方程式はこれに限らず，時刻 t における位置と $t + \Delta t/2$ における速度を使うこともある．扱える分子の数は多くても 10^8 程度のため，分子を何らかの壁により閉じ込めると，多くの分子は表面にあることになり，バルクの性質を得ることは期待できない．この表面による影響を避けるために，周期的な境界を設定する．そのため，中心のセル中の決められた数の分子が，他の分子による分子間力により運動する．これは，中心のセルと同じ相対配置をもつレプリカを，周辺に設けることと等価である．当然のことながら，レプリカ中の分子との相互作用も考慮する．また，分子は中心セルから出ていくこともあるが，その場合には反対側から同じ速度で入ってくることになる．

A.3　内部エネルギーおよび圧力の計算方法

　理想気体では分子間の相互作用をしない質点として，温度や圧力を導いている．ここでは，これまで無視してきた分子間相互作用からの，内部エネルギーと圧力への寄与を導出する．しかし，一般の分子間相互作用について，これらの量を解析的に導くことはできない．その代わりに，計算機を用いて与えられた分子間相互作用に対する運動方程式を数値的に解き，個々の分子の位置と運動量から，内部エネルギーや圧力，そのほかの巨視的な量について求めることができる．運動方程式を解いて系の集団的性質を求める場合，系のアンサンブル平均と時間平均は等しいと仮定する（エルゴード仮説）．

　通常分子間の相互作用はペアの分子間の和として表される．たとえば3分子の相互作用が3つのペアの和からずれる可能性については，無視する場合がほとんどであるが，必要に応じて取り入れることは形式的には困難ではない．系のポテンシャル相互作用を与える Φ が2体相互作用 φ_{ij} の和で表される場合には，内部エネルギー U は，運動エネルギーとポテンシャルエネルギーのアンサンブル平均で以下のように与えられる．ここで，m は分子の質量，$\mathbf{v}$ は速度を，また $\langle\ \rangle$ はアンサンブル平均を表す．

$$U = \left\langle \frac{1}{2}\sum_i m_i \mathbf{v}_i^2 \right\rangle + \langle \Phi \rangle = \left\langle \frac{1}{2}\sum_i m_i \mathbf{v}_i^2 + \sum_i \sum_{j>i} \varphi_{ij} \right\rangle. \tag{A.5}$$

温度は，等分配則から

$$\frac{3}{2} N k_B T = \left\langle \frac{1}{2}\sum_i m_i \mathbf{v}_i^2 \right\rangle \tag{A.6}$$

により決定される．等分配則は，エネルギーがある独立な力学量の2乗により表されるときに，古典統計力学から容易に導かれる（エネルギーが連続的に変化しないような量子化された系では，このことは正しくない）．この表式は，古典運動方程式を解いて，力学量の平均と熱力学量を結びつけるときに，温度を表現する最も簡単な関係である．

　理想気体では，圧力は質点とみなせる分子と壁との衝突による．分子間の引力や斥力は，圧力に変化をもたらす．圧力は，アンサンブル平均からも得られるが，もっと簡単には $\sum_i \mathbf{r}_i \cdot \mathbf{F}_i$（ビリアルといわれる）の時間平均から，以下のように容易に導ける．

$$
\begin{aligned}
\left\langle \sum_i \mathbf{r}_i \cdot \mathbf{F}_i \right\rangle &= \frac{1}{\tau} \int_0^\tau \sum_i \mathbf{r}_i \cdot \mathbf{F}_i\, dt \\
&= \frac{1}{\tau} \left(\sum_i \mathbf{r}_i(\tau) \cdot \mathbf{p}_i(\tau) - \sum_i \mathbf{r}_i(0) \cdot \mathbf{p}_i(0) \right) \\
&\quad - \frac{1}{\tau} \int_0^\tau \sum_i \mathbf{v}_i \cdot m_i \mathbf{v}_i\, dt \\
&= \frac{1}{\tau} \sum_i \mathbf{r}_i \cdot \mathbf{p}_i - \langle m_i \mathbf{v}_i^2 \rangle
\end{aligned}
\tag{A.7}
$$

において,平均を行う時間 τ について $\tau \to \infty$ として

$$
\left\langle \sum_i \mathbf{r}_i \cdot \mathbf{F}_i \right\rangle = -\langle m_i \mathbf{v}_i^2 \rangle \tag{A.8}
$$

が得られる(式 (A.7) では部分積分を使った).いま,系の形状を 1 辺 l の立方体 ($V = l^3$) として,左辺は分子間相互作用起源と壁との相互作用に起因する圧力に分けられる.x 軸に垂直な面積 l^2 の壁では,$x = 0$ で $F = pl^2$ また $x = l$ で $F = -pl^2$ の力を及ぼす.これに対応して,壁との衝突によるビリアルと分子間の相互作用に由来するビリアルに分けて,後者は 2 体相互作用の場合には,分子間の距離とその力により

$$
\left\langle \sum_{i<j} \mathbf{r}_{ij} \cdot \mathbf{F}_{ij} \right\rangle \tag{A.9}
$$

と書けるので(このことは周期的な境界条件下では必須である),等分配則とあわせれば

$$
pV = Nk_B T + \frac{1}{3} \left\langle \sum_{i<j} \mathbf{r}_{ij} \cdot \mathbf{F}_{ij} \right\rangle \tag{A.10}
$$

を得る.分子間の相互作用において引力が支配的であるときには,第 2 項は負となるので,圧力は理想気体よりも低くなる.

A.4 自由エネルギーの計算

一般に同種の並進の自由度のみを有する(単原子分子)N 分子系における分配関数 Z は,$\mathcal{H}$ を系のハミルトニアンとして,古典統計力学の範囲では

A.4 自由エネルギーの計算

$$Z = \frac{1}{h^{3N}N!} \int d\mathbf{r}^N \int d\mathbf{p}^N \exp(-\beta \mathcal{H}) \tag{A.11}$$

と表される．ここで分母の $N!$ は，同種の分子が区別できないことに由来する．理想気体では $\mathcal{H} = \mathcal{H}_0$

$$\mathcal{H}_0 = \sum_i \frac{\mathbf{p}_i^2}{2m} \tag{A.12}$$

なので，

$$Z_{\text{ideal gas}} = \frac{1}{h^{3N}N!} V^N (2\pi m k_B T)^{3N/2} \tag{A.13}$$

が得られる．ヘルムホルツ自由エネルギーと分配関数の関係 $A = -k_B T \ln Z$ より

$$A_{\text{ideal gas}} = k_B T N \left(\ln \frac{N}{V} \left(\frac{2\pi m k_B T}{h^2} \right)^{-3/2} - 1 \right) = k_B T N (\ln \rho \lambda^3 - 1) \tag{A.14}$$

となる．ここで $\rho = N/V$ また $\lambda = h/(2\pi m k_B T)^{1/2}$ は熱ド・ブロイ (de Broglie) 波長である．

一般の気体や液体では分子間相互作用を Φ として

$$\mathcal{H}_0 = \frac{1}{2} \sum_i \frac{\mathbf{p}_i^2}{m} + \Phi \tag{A.15}$$

と書ける．その場合には

$$Z = \frac{1}{h^{3N}N!} \int d\mathbf{r}^N \int d\mathbf{p}^N \exp(-\beta H_0) \exp(-\beta \Phi)$$
$$= Z_0 \frac{\int d\mathbf{r}^N \exp(-\beta \Phi)}{\int d\mathbf{r}^N}$$
$$= Z_0 \langle \exp(-\beta \Phi) \rangle_0$$

であるが，ここで $\langle \exp(-\beta \Phi) \rangle_0$ は相互作用のボルツマン因子の $\mathcal{H}_0$ の下における平均を表す．この方法を適用した実際の数値的計算では，ボルツマン因子が大きな値をとる空間を正確にサンプルすることが困難である．そのために，何段階に分けて行うなどの，いろいろな工夫が必要である．

固体の場合には上記の分配関数は，決まった分子配置（結晶形）における振動とみなせることから簡単になる．そのなかでも特に振動が調和的であれば，積分範囲が限定されて分子交換による寄与は分母の $N!$ と完全に相殺すること

から

$$Z_{\text{solid}} = \frac{1}{h^{3N}} \int dq^{3N} \int dp^{3N} \exp(-\beta \mathcal{H}) \tag{A.16}$$

である.ここで,$\mathbf{q}$ は振動に関する(集団)座標であり,そのために $\mathcal{H}$ は

$$\mathcal{H} = \frac{1}{2} \sum_i^{3N} \left[p_i^2 + (2\pi \nu_i)^2 q_i^2 \right] + E_0 \tag{A.17}$$

である.ここで,E_0 は結晶配置における分子間相互作用 Φ の最小値である.この $\mathcal{H}$ の簡単さのために

$$Z_{\text{solid}} = \exp\left(-\frac{E_0}{k_B T}\right) \prod_i^{3N} \frac{k_B T}{h \nu_i} \tag{A.18}$$

となり,したがって自由エネルギーは

$$A_{\text{solid}} = E_0 + k_B T \sum_i^{3N} \ln \frac{h \nu_i}{k_B T} \tag{A.19}$$

のように簡単な表式となる.これは凝集エネルギー E_0 と調和振動の自由エネルギー(右辺第 2 項)の和として与えられるという直感と一致する.

ところで,固体の与えられた温度と圧力における体積はどのようにして得られるのだろうか? 体積の変動に対して,G が極値をとることが平衡条件であることを思い出せば,

$$G_{\text{solid}} = E_0 + k_B T \sum_i^{3N} \ln \frac{h \nu_i}{k_B T} + pV \tag{A.20}$$

の $\delta G_{\text{solid}} = 0$ となる体積が,与えられた T と p での平衡体積である.ここで E_0 と ν_i は体積の関数である.また,同様に量子論的な自由エネルギーは

$$G_{\text{solid}} = E_0 + k_B T \sum_i^{3N} \ln \left[2 \sinh \frac{h \nu_i}{2 k_B T} \right] + pV \tag{A.21}$$

で与えられる.

ここでは,アルゴンを想定した面心立方格子の固体結晶についての例を示す.アルゴンの相互作用は,単純な球対称のレナード–ジョーンズ (Lennard-Jones) ポテンシャルで表されると仮定する.この相互作用エネルギーの最小

A.4 自由エネルギーの計算

アルゴンの体積に対するギブス自由
エネルギー

アルゴンの気体（破線）と固体（実線）
のギブス自由エネルギー

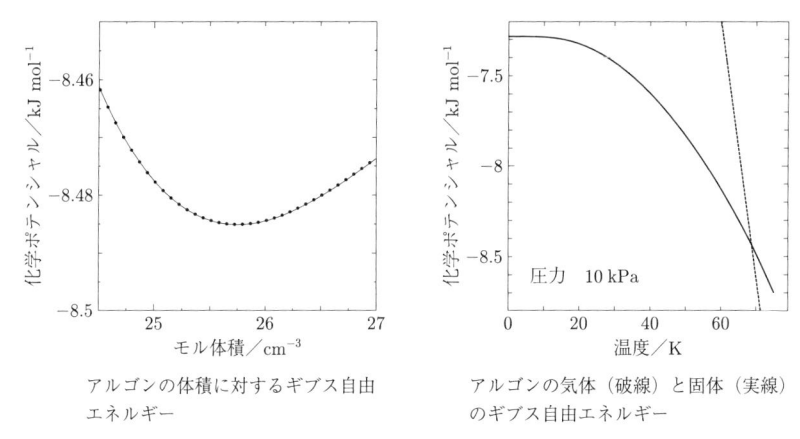

図 A.1 アルゴン固体の自由エネルギーの体積依存性（左）と固体と気体の自由エネルギー（右）

値 $E_0(V)$ と調和振動の自由エネルギー $F(T,V)$，および pV の和を $T = 65$ K および $p = 10$ kPa において体積に対してプロットすれば，図 A.1 のように，最小値をもつ．この体積が，与えられた熱力学条件下の平衡体積である．さらに，このようにして求めた $p = 10$ kPa における化学ポテンシャルは，温度 69 K で同分子量の理想気体の化学ポテンシャルと交差する．この圧力における昇華温度の実験値は 71 K であることから，この方法は低温ではかなりよい近似になっている．

第 B 章
よく使われる単位とその変換

エネルギーの単位：
  $1\,\mathrm{J} = 1\,\mathrm{N}\cdot\mathrm{m}$
  $1\,\mathrm{eV} = 1.602189\times 10^{-19}\,\mathrm{J}$
  $1\,\mathrm{cal} = 4.184\,\mathrm{J}$
  $1k_BT = 1.38066\times 10^{-23}\,\mathrm{J}$
  $1RT = 8.314409\,\mathrm{J}$
  （分光学では慣用的に $1\,\mathrm{cm}^{-1} = 1.986478\times 10^{-23}\,\mathrm{J}$ と換算する．）
プランク定数$/2\pi$: $\hbar = 1.05457\times 10^{34}\,\mathrm{Js}$
アボガドロ数: $N_0 = 6.0221367\times 10^{23}$

第C章 よく出てくる数式と公式

C.1 偏微分と全微分

1変数関数 $f(x)$ に対して，x のそれぞれの値における傾きは df/dx である．これを多変数に拡張する場合を考える．簡単のために $g(x,y)$ の2変数関数を扱うが，さらに多変数を導入することは容易である．幾何学的には $z = g(x,y)$ は，たとえば位置 (x,y) 上の高さを表すと考えてよい．その場合の，位置 (x,y) 上の勾配は，方向により異なるが，任意の方向の勾配は x 方向と y 方向の傾きから計算することができる．ここで，x 方向の傾きは，変数 y を固定して（定数とみなして）x による微分により得られることは直感的に理解できるであろう．また，y 方向の傾きも x を固定した微分により得られる．このような操作を偏微分とよび，以下のように表現する．

$$\frac{\partial g}{\partial x} = \lim_{\Delta x \to 0} \frac{g(x+\Delta x, y) - g(x,y)}{\Delta x} \tag{C.1}$$

および

$$\frac{\partial g}{\partial y} = \lim_{\Delta y \to 0} \frac{g(x, y+\Delta y) - g(x,y)}{\Delta y} \tag{C.2}$$

により表される．ここで x と y の微小変化 dx と dy もその大きさを独立に選ぶことができる．この場合に dx と dy による g の微小変化を全微分 dg とよび，

$$dg = \frac{\partial g}{\partial x} dx + \frac{\partial g}{\partial y} dy \tag{C.3}$$

である．

微分の順序を変えても，

$$\frac{\partial}{\partial y}\frac{\partial g}{\partial x} = \lim_{\substack{\Delta y \to 0 \\ \Delta x \to 0}} \frac{\frac{g(x+\Delta x, y+\Delta y) - g(x, y+\Delta y)}{\Delta x} - \frac{g(x+\Delta x, y) - g(x, y)}{\Delta x}}{\Delta y} \tag{C.4}$$

および

$$\frac{\partial}{\partial x}\frac{\partial g}{\partial y} = \lim_{\substack{\Delta x \to 0 \\ \Delta y \to 0}} \frac{\frac{g(x+\Delta x, y+\Delta y) - g(x+\Delta x, y)}{\Delta y} - \frac{g(x, y+\Delta y) - g(x, y)}{\Delta y}}{\Delta x} \tag{C.5}$$

は等しいので,交差微分について(微分の順序を入れ替えて)

$$\frac{\partial}{\partial y}\frac{\partial g}{\partial x} = \frac{\partial}{\partial x}\frac{\partial g}{\partial y} \tag{C.6}$$

が成り立つ.

熱力学で現れる式を例について,以上のことを応用する.内部エネルギーは通常 $U(S, V, n)$ のように独立変数を選ぶのが便利である.このときに,(dS, dV, dn) の変化による U の変化である全微分 dU は

$$dU = \left(\frac{\partial U}{\partial S}\right)_{V,n} dS + \left(\frac{\partial U}{\partial V}\right)_{S,n} dV + \left(\frac{\partial U}{\partial n}\right)_{S,V} dn \tag{C.7}$$

と書けるが,我々は dU が可逆過程では

$$dU = TdS - pdV + \mu dn \tag{C.8}$$

であることを知っているので,

$$\left(\frac{\partial U}{\partial S}\right)_{V,n} = T \tag{C.9}$$

$$\left(\frac{\partial U}{\partial V}\right)_{S,n} = -p \tag{C.10}$$

$$\left(\frac{\partial U}{\partial n}\right)_{S,V} = \mu \tag{C.11}$$

となる.ここで,微分の際に固定した変数を括弧の右下に示すことにする.

C.1　偏微分と全微分

この固定した変数を示すのは，熱力学では，独立な変数が入れ替わることがあり，偏微分の際に何を固定したかを明示する必要が生じるためである．U は上式からは $U(S,V,n)$ と表すのが自然であろうが，$U(T,V,n)$ でも $U(T,p,n)$ でもかまわない．4.3節で定積と定圧の熱容量の関係を導いたときの，変数変換と偏微分の関係について，U を例として説明する（ここで偏微分とは直接関係ないが，U は示量変数なので独立変数に必ず 1 個以上の示量変数がなければならないことに注意せよ）．

$$dU = \left(\frac{\partial U}{\partial T}\right)_{V,n} dT + \left(\frac{\partial U}{\partial V}\right)_{T,n} dV + \left(\frac{\partial U}{\partial n}\right)_{T,V} dn \tag{C.12}$$

のように U の全微分は表される．これを用いて，圧力とモル数一定条件で U の温度微分を計算してみる．これは，上式を $(dp=0, dn=0)$ の条件のもとで dT で割ることである．このときに，固定する量に注意して

$$\left(\frac{\partial U}{\partial T}\right)_{p,n} = \left(\frac{\partial U}{\partial T}\right)_{V,n} + \left(\frac{\partial U}{\partial V}\right)_{T,n} \left(\frac{\partial V}{\partial T}\right)_{T,p} \tag{C.13}$$

を得る．

循環型の偏微分の関係について，典型的な例を挙げて説明する．状態方程式から，圧力は $p(T,V,n)$ であるので，

$$dp = \left(\frac{\partial p}{\partial T}\right)_{V,n} dT + \left(\frac{\partial p}{\partial V}\right)_{T,n} dV + \left(\frac{\partial p}{\partial n}\right)_{T,V} dn \tag{C.14}$$

のように，全微分は表される．これから，$(dp=0, dn=0)$ の条件下での温度微分を計算してみよう．上の内部エネルギーと同様に固定する量に注意すれば，

$$0 = \left(\frac{\partial p}{\partial T}\right)_{V,n} + \left(\frac{\partial p}{\partial V}\right)_{T,n} \left(\frac{\partial V}{\partial T}\right)_{p,n} \tag{C.15}$$

が得られる．これは，もう少しなじみのある

$$\left(\frac{\partial T}{\partial p}\right)_{V,n} \left(\frac{\partial p}{\partial V}\right)_{T,n} \left(\frac{\partial V}{\partial T}\right)_{p,n} = -1 \tag{C.16}$$

のかたちで，出現することが多い．

C.2 ルジャンドル変換

　この方法では，ある関数における独立な変数の変換を行い，それにより派生する関数について，一般的な方法を導く．簡単のために独立な2変数 x, y の関数 $f(x, y)$ を考えよう．この関数の全微分は

$$df = \frac{\partial f}{\partial x}dx + \frac{\partial f}{\partial y}dy \tag{C.17}$$

である．ここで，独立な変数を x, y から x, z に換える．ただし，z は

$$z = \frac{\partial f}{\partial y} \tag{C.18}$$

である．このときに，

$$g = f - yz \tag{C.19}$$

とすれば，

$$\begin{aligned}dg &= df - ydz - zdy \\ &= \frac{\partial f}{\partial x}dx + \frac{\partial f}{\partial y}dy - ydz - \frac{\partial f}{\partial y}dy \\ &= \frac{\partial f}{\partial x}dx - ydz\end{aligned} \tag{C.20}$$

となる．上式は g が x と z の関数であることを示している．これは，2変数以上の多変数関数について，順次独立変数を変換した関数をつくるための方法である．

C.3 ガウス積分

　以下のガウス積分は，以後頻繁に使われる．

$$\int_{-\infty}^{\infty} e^{-ax^2} dx = \sqrt{\frac{\pi}{a}} \tag{C.21}$$

この公式の導き方は，いくつかあるが簡単なものを紹介しておく．

$$I = \int_{-\infty}^{\infty} e^{-x^2} dx \tag{C.22}$$

に対して，

C.3　ガウス積分

$$I^2 = \int_{-\infty}^{\infty} e^{-x^2} dx \int_{-\infty}^{\infty} e^{-y^2} dy = \int_{-\infty}^{\infty} \int_{-\infty}^{\infty} e^{-(x^2+y^2)} dx dy \qquad (C.23)$$

と変形し，

$$x = r\cos\theta, \quad y = r\sin\theta \qquad (C.24)$$

の極座標を導入すると

$$\begin{aligned} I^2 &= \int_0^{\infty} e^{-r^2} r\, dr \int_0^{2\pi} d\theta \\ &= \frac{1}{2}\int_0^{\infty} e^{-r^2} dr^2 \times 2\pi \\ &= \pi \end{aligned} \qquad (C.25)$$

となって，

$$\int_{-\infty}^{\infty} e^{-x^2} dx = \sqrt{\pi} \qquad (C.26)$$

が得られる．式 (C.21) への変換は明らかであろう．

以下の公式群も，変数変換をしたり，積分を a で微分などすれば，次々と得られる．

$$\int_{-\infty}^{\infty} x^2 e^{-ax^2} dx = \frac{1}{2a}\sqrt{\frac{\pi}{a}} \qquad (C.27)$$

$$\int_0^{\infty} x e^{-ax^2} dx = \int_0^{\infty} e^{-ax^2} d\left(\frac{1}{2}x^2\right) = \frac{1}{2a}\int_0^{\infty} e^{-ax^2} d(ax^2) = \frac{1}{2a}$$

$$\int_{-\infty}^{\infty} e^{-ax^2+bx} dx = e^{\frac{b^2}{4a}} \sqrt{\frac{\pi}{a}} \qquad (C.28)$$

$$\int_{-\infty}^{\infty} x e^{-ax^2+bx} dx = \sqrt{\frac{\pi}{a}}\left(\frac{b}{2a}\right) e^{\frac{b^2}{4a}} \qquad (C.29)$$

$$\int_{-\infty}^{\infty} x^2 e^{-ax^2+bx} dx = \sqrt{\frac{\pi}{a}}\left(\frac{1}{2a}\right)\left(1+\frac{b^2}{2a}\right) e^{\frac{b^2}{4a}} \qquad (C.30)$$

$$\int_0^{\infty} x^3 e^{-ax^2} dx = -\frac{\partial}{\partial a}\int_0^{\infty} x e^{-ax^2} dx = \frac{1}{2a^2} \qquad (C.31)$$

C.4　スターリングの公式

$N!$ の計算は，ガウス積分と同じように非常によく出てくる．結果は

$$N! \simeq \left(\frac{N}{e}\right)^N \tag{C.32}$$

である．

証明の仕方が他の問題を解くときにも参考になるので，掲げておく．まず，対数をとった後，積分系に直す．

$$\ln N! = \sum_{x=1}^{N} \ln x \simeq \int_{1}^{N} dx \ln x. \tag{C.33}$$

ここで変数変換

$$\ln x = y \tag{C.34}$$

を行って

$$\ln N! \simeq \int_{0}^{\ln N} y e^y dy \tag{C.35}$$

とし，さらに部分積分を実行すると

$$\begin{aligned}
\int_{0}^{\ln N} y e^y dy &= [y e^y]_{0}^{\ln N} - \int_{0}^{\ln N} e^y dy \\
&= \ln N \exp[\ln N] - \exp[\ln N] + 1 \simeq N \ln \frac{N}{e} \\
&= \ln \left(\frac{N}{e}\right)^N
\end{aligned} \tag{C.36}$$

が得られる．式 (C.35) と (C.36) を等置すると，式 (C.32) が得られる．

C.5　ステップ関数とデルタ関数

量子力学の研究の中で，点 $x = a$ だけに値を持ち，それ以外はゼロとなる関数で，それでいて

$$\int_{-\infty}^{\infty} \delta(x-a) dx = 1 \tag{C.37}$$

のように規格化できる関数の存在が，ディラックによって直感的に要請され

C.5 ステップ関数とデルタ関数

た．数学的な基礎づけは，ルベーグ積分に基づいてシュワルツ (L. Schwarz) によってなされた『物理数学の方法』(吉田耕作・渡邊二郎訳，岩波書店，1966) によって詳しく学ぶことができる．この族に属する関数を超関数 (distribution) という．いくつかの重要な性質の中で，無限遠点でゼロになるような関数 $f(x)$ に対して

$$\int_{-\infty}^{\infty} \delta(x-a)f(x)dx = f(a) \tag{C.38}$$

が成り立つことがある．ただし，a は $(-\infty, \infty)$ にある任意の値である．

一方，Heaviside のステップ関数 $\theta(x)$ は

$$\theta(x-a) = \begin{cases} 1 & \text{if} x \geqq a \\ 0 & \text{if} x < a \end{cases} \tag{C.39}$$

で定義される．この関数は，普通の意味では微分不可能であるが，あえて，$x=a$ にだけ無限になる微分量が存在すると仮定すると，驚くことに，

$$\delta(x-a) = \frac{d}{dx}\theta(x-a) \tag{C.40}$$

となるのである．直感的には

$$\theta(x-a) = \int_{-\infty}^{x} \delta(y-a)dy \tag{C.41}$$

のほうがわかりやすいかもしれない．ステップ関数のように不連続な関数から超関数の理論を確立したのが，わが国の佐藤幹夫である．英語では，Hyperfunction といって，distribution とは区別される．式 (C.40) に式 (C.38) に代入してから部分積分を行い，$f(x)$ が無限遠点でゼロであることと，式 (C.39) を使うと，式 (C.40) が consistent になっていることがわかる．

数学的厳密性より，直感を大事にする意味で

$$\delta(x-a) = \lim_{\gamma \to \infty} \sqrt{\frac{\gamma}{\pi}} e^{-\gamma(x-a)^2} \tag{C.42}$$

という書き方がよく行われる．このガウス関数は式 (C.37) のように規格化されており，$x=a$ にピークを持つ．さらに，指数 γ を無限大にすることで，1点 $x=a$ に局在させてしまうと考えるのである（したがって，ガウス関数以外にもローレンツ関数などを使ってもよい）．適当な大きさの γ を使って，デルタ関数の近似として数値計算に利用されることもある．

C.6 ラグランジュの未定乗数法

ある条件の下で関数の極値を求める一般的な方法として，ラグランジュの未定乗数がよく使われる．熱力学や化学熱統計力学でもしばしば登場する．以下では幾何学的な理解のために，2変数 (x,y) で説明する．

条件となる関数 $g(x,y)$ に対して

$$g(x,y) = c \qquad (c\text{ は与えられた定数}) \tag{C.43}$$

という条件の下で，関数 $f(x,y)$ の極値を求めたい．上の高速条件がなければ，単に

$$\frac{\partial}{\partial x}f(x,y) = \frac{\partial}{\partial y}f(x,y) = 0 \tag{C.44}$$

を満たす点 (x,y) が極値を与える．

一方，条件 (C.43) は，(x,y) 面上で，1つの曲線を与えるが，その曲線に沿って $f(x,y)$ が最大値（極値）をとる点を探したい．そのために，今度は

$$f(x,y) = d \qquad (d\text{ はパラメータ}) \tag{C.45}$$

を満たす曲線群を考える．$f(x,y)$ が取りうる値のうち，最大の d が $f(x,y)$ の最大値であることはいうまでもない．d をパラメータとして (x,y) 面上に描かれた式 (C.45) の曲線群は，$z = f(x,y)$ の等高線に相当する（z 軸を (x,y) 面に垂直にとる）．

さて，曲線 $g(x,y) = c$ 上での $z = f(x,y)$ の最大値が，(x_0, y_0) に存在するとしよう（図 C.1 を見よ）．すると，$f(x,y)$ の値は，(x_0, y_0) の近傍で $g(x,y) = c$ に沿って微小量移動しても変化がないはずである（実際は，それが $g(x,y) = c$ に沿っての極値の本来の定義である）．つまり，(x,y) 面上の曲線 $g(x_0, y_0) = c$ の接線に沿って，$(x_0 + \Delta x, y_0 + \Delta y)$ と変化させたとき

$$g(x_0, y_0) = \lim_{\Delta x, \Delta y \to 0} g(x_0 + \Delta x, y_0 + \Delta y) = c \tag{C.46}$$

を満たしながら

$$f(x_0, y_0) = \lim_{\Delta x, \Delta y \to 0} f(x_0 + \Delta x, y_0 + \Delta y) \tag{C.47}$$

となれば (x_0, y_0) が極値を与える点になっている．これらの式から，(x,y) 面上の $g(x,y) = c$ の接ベクトル $(\Delta x, \Delta y)$ は，

C.6 ラグランジュの未定乗数法

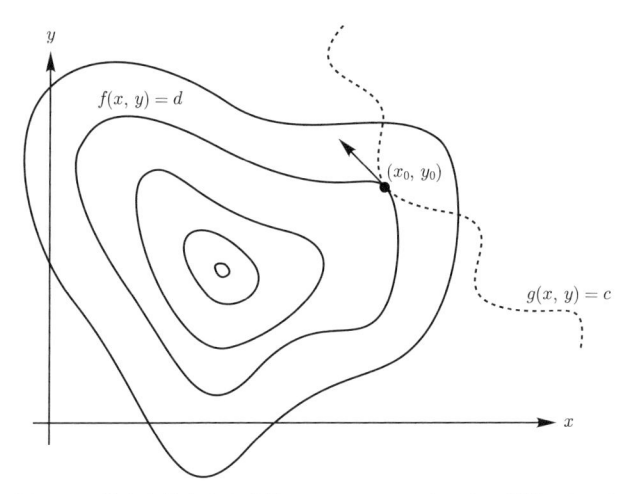

図 C.1 拘束条件を表す曲線 $g(x, y) = c$ の上にある関数 $f(x, y)$ の最大値を表す幾何学

$$g(x_0 + \Delta x, y_0 + \Delta y) \simeq g(x_0, y_0) + \frac{\partial}{\partial x}g(x_0, y_0)\Delta x + \frac{\partial}{\partial y}g(x_0, y_0)\Delta y \tag{C.48}$$

によって,両辺が同じ値 c をとることから,

$$\frac{\partial}{\partial x}g(x_0, y_0)\Delta x + \frac{\partial}{\partial y}g(x_0, y_0)\Delta y = 0 \tag{C.49}$$

である.すなわちベクトル $\left(\frac{\partial}{\partial x}g(x_0, y_0), \frac{\partial}{\partial y}g(x_0, y_0)\right)$ と接ベクトル $(\Delta x, \Delta y)$ は互いに垂直である(法線ベクトルという).同様に,$\left(\frac{\partial}{\partial x}f(x_0, y_0), \frac{\partial}{\partial y}f(x_0, y_0)\right)$ と接ベクトル $(\Delta x, \Delta y)$ も互いに垂直である.したがって,2つの法線ベクトル $\left(\frac{\partial}{\partial x}g(x_0, y_0), \frac{\partial}{\partial y}g(x_0, y_0)\right)$ と $\left(\frac{\partial}{\partial x}f(x_0, y_0), \frac{\partial}{\partial y}f(x_0, y_0)\right)$ は,互いに平行な関係になっている必要がある.この関係を,未知の数 λ を使って

$$\left(\frac{\partial}{\partial x}f(x_0, y_0), \frac{\partial}{\partial y}f(x_0, y_0)\right) = \lambda \left(\frac{\partial}{\partial x}g(x_0, y_0), \frac{\partial}{\partial y}g(x_0, y_0)\right) \tag{C.50}$$

と書くことにする(未知数 λ は,後に決まってくる).この関係式は,関数 $F(x, y)$ を

$$F(x, y) = f(x, y) - \lambda g(x, y) \tag{C.51}$$

と定義すれば,一般の極値問題

$$\frac{\partial}{\partial x}F(x,y) = \frac{\partial}{\partial y}F(x,y) = 0 \tag{C.52}$$

と数学的に同等である．こうして，この極値問題は $F(x,y)$ の単純な極値問題，式 (C.52) に部分的に還元された．3 変数以上への拡張は読者が試みられよ．

さらに，解 (x_0, y_0) が求まれば，式 (C.50) の幾何学的関係によって，λ が決まるはずだが，12.5 節の「最大エントロピー原理」以下で使われた例のように，実験値など別の手段によって推定されることもある．

おわりに

　熱力学では，観測に関わる量が，少数の「独立変数」の複雑な関数として表されるべきものであるが，それらが，偏微分を使ったコンパクトな一連の関係式で表現されるものだから，初心者はそこで疎外感を味わうことが少なくない．本書によって，その違和感が少しでも解消されることの一助になれば幸いである．また，18世紀に熱機関の研究を通して行われた人間の科学的精神の高さに思いをいたしていただければ，著者として望外の喜びである．

　本書は，課題を限定した入門書である．道を究める「王道」として，「ともかく慣れて，その有用性に触れつつ，深く分け入る」という方法もあろうかと思う．本書ではそのアプローチをとらなかったが，実用性の極めて高い熱力学は，「工業化学熱力学」のような名前の講義へとつながっていることを知っておいてほしい．

　一方，ミクロスコピックな統計力学の観点からは，量子力学的粒子の統計性をまったく説明しなかった．電子のように量子力学的性質を有する粒子の分布のための「フェルミ統計」や，光子のような対称性を持つ粒子群のための「ボース統計」においては，分布関数に重要な制約が入ってくるが，本書では分量の制約のために一切言及しなかった．次のステップに進んで勉強していただきたい．また，ニュートン力学や量子論などの時間反転対称性を持つ「純力学」から「統計性」が湧き起こってくるプロセスを考える際の基礎としてのカオス理論や，非平衡統計力学などについても，同様である．

　熱力学は直感的に理解することが難しいくらい抽象化された学問であるが，電子計算機や実験手法の発展に支えられて，今までとは異質の発展をしている．溶液中の化学反応といったように，ミクロな現象がマクロの環境下で進行する過程を「目で見たように（可視化という）」シミュレーションすることができるようになってきた．本書がその学習としても最初のガイドになっていることを願っている．

　著者2人が万里の長城からの帰りのバスの中で，夕日を浴びながら本書の執筆の構想を確認し合ったことを思い出す．それから，御多分に漏れず，脱稿までに長い時間がかかってしまった．本書を執筆するに当たり，東京大学大学

院総合文化研究科の大学院生松本健太郎君，岡山大学自然科学研究科の矢ヶ崎琢磨博士，樋本和大博士には，文章の推敲や図の提供など様々なお手伝いを頂いた．

　最後に東京大学出版会の編集者岸純青さんには，著者らの遅々とした執筆作業を寛容に見守っていただき，出版にまでこぎつけていただいたことに，心からお礼を申し上げたい．

索引

[あ行]

圧力 7, 103, 197
アボガドロ数 125, 165
位相空間 122
位置エネルギー 124, 128
1次相転移 47
1次反応 84
運動エネルギー 128
運動量空間 124
液体 175
エネルギー 9, 92
　——原理 106, 136
　——の流れ 132
　——の保存則 105
エンジン 31
エンタルピー 37, 52, 166
エントロピー (entropy) 26, 52, 121, 123, 125, 137, 151, 156
　——の確率表現 139
オイラー (Euler) の同次式 41
重みつきボルツマン分布 144
温度 9, 101, 123, 127
　——密度 127, 128

[か行]

外界 5
回転 92, 152
　——運動 97, 99, 117
　——周期 100
開放系 5, 92
界面 56
カオス 101
化学反応 77
化学ポテンシャル 42, 48, 69, 155, 156, 165, 172, 175
可逆過程 10, 24, 26

角運動量 97, 99
角振動数 94
確率的エントロピー 150
確率の規格化条件 150
確率分布関数 106
確率密度関数 111
活性化エネルギー 96
活性錯合体 185
活量 71
　——係数 71
カーナハン-スターリング (Carnahan-Starling) 式 18
カルノーサイクル 32
換算質量 99, 188
慣性モーメント 99
完全微分 20, 169
緩和速度 86
気液共存 16
記憶装置の数 141
機械的仕事 8
規格化 110
　——因子 115
　——定数 110
気体 175
期待値 108
気体定数 13
起電力 82
希薄溶液 65
ギブス (Gibbs) 自由エネルギー 36, 42, 49, 80, 165, 172
ギブス-デュエム (Gibbs-Duhem) 式 61, 168
キャパシティ 138
凝固点降下 59, 65, 174, 179
極座標 113, 124
クラウジウス-クラペイロン (Clausius-Clapeyron) の式 53

鞍点　95, 187
　　——法　163
系　5
　　——の安定性　44
ケルビン (Kelvin) 式　57
高温側極限　119
交差微分　206
構造異性体　128
剛体　97
固体　175
固定核の近似　93
ゴム　38
固有関数　98
固有値　98
孤立系　5
混合のエントロピー　30, 64, 167

[さ行]

最大エントロピー原理　143, 144
最大実現確率　130
最大状態密度　158
錯合体　185
散逸系　92
三重点　48
示強変数　11, 42, 54
仕事　7, 19
指数関数分布　105
実現可能性　132
実在気体　14, 17
自発的エントロピー変化　27
シャノン (Shannon) のエントロピー　141
自由エネルギー　121, 136, 151, 154, 162, 191, 198
自由度　54, 96
自由粒子　116, 123
重量モル濃度　59
縮重　110, 134
縮退　110
シュレディンガー (Schrödinger) 方程式　98
準安定状態　50

循環型の偏微分　207
蒸気　63
　　——圧　63
小正準集合　149
状態関数　20, 26
状態空間の大きさ　149
状態数　92, 122, 123
　　——原理　121
状態方程式　6, 14
状態密度　121, 123, 139, 155, 191
衝突回数　182
衝突断面積　182
情報　130, 137
　　——エントロピー　142
　　——欠損　144
　　——欠損量　146
　　——量　141
示量変数　11, 42, 126
振動　92, 152
　　——運動　100
　　——モード　145
浸透圧　59, 65, 67
スターリング (Stirling) の近似式　30
スターリングの公式　176
ステップ関数　122
正準集合　155
接触系　129
　　——全体の状態密度　129
絶対零度　127, 137
遷移状態　184
　　——分光　187
　　——理論　183
全伸縮振動　189
潜熱　52
相　47
相境界　48, 53
相空間　122
　　——の体積　122
相転移　47
相の安定　69
相分離　47, 75
相平衡　77

相律 55
束一的性質 65, 174
速度過程 181, 185
素反応 181

[た行]

第一種永久機関 19
第二種永久機関 31
大正準集合 155
　　——の分配関数 160
多段階平衡 184
弾性衝突 102
断熱過程 23, 24
断熱不可逆膨張 24
中間体 184, 185
超高速分光学 187
超単純衝突論 182, 189
調和振動子 94, 118
定圧熱容量 21, 39
低温側極限 119
定積熱容量 21, 39
ディラック (Dirac) のデルタ関数 122
デバイ-ヒュッケル (Debye-Hückel) の極
　限則 71
電解質 174
　　——溶液 71
電子エネルギー 94
電子状態 92
電子励起 93
電池反応 81
等温圧縮率 15, 40
等温可逆過程 27
等温可逆膨張 29
等温過程 21, 24
統計速度論 181
独立変数 114
トポグラフィー 94

[な行]

内部エネルギー 19, 20, 197, 206
2 次の相転移点 49
2 次反応 84

熱 9, 19
熱ド・ブロイ (de Broglie) 波長 199
熱機関の効率 33
熱平衡 131
熱膨張率 40
熱浴 129, 134
熱力学第零法則 9
熱力学第一法則 9, 19
熱力学第三法則 52, 78, 137
熱力学第二法則 19, 26, 31
熱力学的安定性 74
熱力学ポテンシャル 35

[は行]

爆発反応 181
バネ定数 100
ハミルトニアン 122
反転分布 109
半透膜 66
反応座標 96, 186, 191
反応進行度 79
反応速度 83
　　——式 182
　　——定数 189
反応熱 96
非線形動力学 182
標準電極電位 83
標準モルエントロピー 78
表面張力 56
ビリアル (virial) 展開 17
ファンデアワールスの状態方程式 15
不安定 50
不可逆過程 10
複雑さ 126, 127, 140, 156
　　——の平均 140
物質の混合 167
物質の流れ 155
沸点上昇 65, 66, 174, 179
　　——度 179
負の温度 109, 146
部分系がとるエントロピー 140
部分モル体積 43, 60

プランク定数　98, 123
分子衝突　182
分配関数　115, 150, 161, 163
平均運動エネルギー　108
平均エネルギー　116, 151, 154
平均活量　73
平衡　44, 158
　——からのずれ　134
　——状態　47
　——定数　77, 80, 171, 172
並進　92, 152
　——運動　98
ヘス (Hess) の法則　77
ヘルムホルツ (Helmholtz) 自由エネルギー　36, 42, 50, 150, 136, 150, 165
偏微分　205
変分問題　146
ヘンリー (Henry) 則　69
ペン-ロビンソン (Peng-Robinson) 方程式　18
ボイル-シャルル (Boyle-Charles) の法則　13
母集団　111
保存系　92
ポテンシャルエネルギー曲面 (PES)　94, 186
ボトルネック　190
ボルツマン (Boltzmann) 定数　17, 104
ボルツマン分布　109
ボルン・オッペンハイマー近似　93

[ま行]

マクスウェル-ボルツマン (Maxwell-Boltzmann) 分布　132
　——関数　109

マクスウェル (Maxwell) の等面積則　16
マクスウェルの関係式　38
ミクロとマクロ　102
モード　98
　——の温度　143
モル生成エンタルピー　77
モル分率　59

[や・ら行]

ヤング-ラプラス (Young-Laplace) 式　56
ゆらぎ　134, 135
容量モル濃度　59
ラウール (Raoult) の法則　64, 69
ラグランジュ (Lagrange) の未定乗数　144
乱雑さ　126
離散系　149
理想気体　6, 13, 14, 102
　——の内部エネルギー　40
理想溶液　59, 63
粒子数当たりの自由エネルギー　163
粒子の移動　160
量子化　93
量子数　99, 100
臨界点　15, 48
ル・シャトリエ (Le Chatelier) の原理　81, 172
ルジャンドル (Legendre) 変換　36, 166, 208
レーザー発振　109
連鎖反応　182

[欧文]

Linear Surprisal　146

高塚和夫（たかつか かずお）
東京大学大学院総合文化研究科教授（工学博士）
1950 年生まれ
1973 年　大阪大学基礎工学部化学工学科卒業
1978 年　大阪大学大学院基礎工学研究科博士課程修了
1982 年　分子科学研究所助手
1987 年　名古屋大学教養部助教授
1992 年　名古屋大学大学院人間情報学研究科教授
1997 年より現職
著書：『化学結合論入門』（東京大学出版会，2007 年），『分子の複雑性とカオス』（非平衡系の科学 IV）（講談社サイエンティフィック，2001 年）

田中秀樹（たなか ひでき）
岡山大学理学部教授（工学博士）
1956 年生まれ
1979 年　京都大学工学部工業化学科卒業
1984 年　京都大学大学院工学研究科博士課程修了
1987 年　京都大学工学部助手
1998 年より現職
2009 年〜2013 年　岡山大学大学院自然科学研究科副研究科長
2013 年　岡山大学理学部長
訳書：『化学で学ぶ人の基礎数学』（ピーター・デビッド著，共訳，化学同人，1997 年）

分子熱統計力学
　　　　　2014 年 11 月 21 日　初　版

　　　　　　　[検印廃止]

著　者　　高塚和夫・田中秀樹
発行所　　一般財団法人　東京大学出版会
　　　　　代表者　渡辺　浩
　　　　　153-0041　東京都目黒区駒場 4-5-29
　　　　　電話 03-6407-1069　Fax 03-6407-1991
　　　　　振替 00160-6-59964
印刷所　　大日本法令印刷株式会社
製本所　　誠製本株式会社

ⓒ2014 Kazuo Takatsuka and Hideki Tanaka
ISBN978-4-13-062509-8 Printed in Japan

JCOPY〈㈳出版者著作権管理機構 委託出版物〉
本書の無断複写は著作権法上での例外を除き禁じられています．複写される場合は，そのつど事前に，㈳出版者著作権管理機構（電話 03-3513-6969，FAX 03-3513-6979, e-mail: info@jcopy.or.jp）の許諾を得てください．

化学結合論入門　量子論の基礎から学ぶ	高塚和夫/A5判/244頁/2600円
化学の基礎77講	東京大学教養学部化学部会編/B5判/192頁/2500円
生命科学資料集	生命科学資料集編集委員会編/B5判/268頁/3200円
生命科学のための基礎化学	原田義也/A5判/320頁/3400円
生命科学のための有機化学Ⅰ　有機化学の基礎	原田義也/A5判/208頁/2500円
生命科学のための有機化学Ⅱ　生化学の基礎	原田義也/A5判/280頁/3200円
有機化学　有機反応論で理解する	村田 滋/A5判/258頁/2500円
新しい量子化学　上・下　電子構造の理論入門	ザボ，オストランド著／大野公男・阪井健男・望月祐志訳　A5判/平均300頁/各巻4400円
化学実験　第3版	東京大学教養学部化学教室化学教育研究会編/A5判/216頁/1600円
放射化学概論　第3版	富永 健・佐野博敏/A5判/256頁/3000円
熱力学の基礎	清水 明/A5判/424頁/3800円

ここに表示された価格は本体価格です．ご購入の際には消費税が加算されますのでご了承下さい．